世界养猪业经典专著大系

亚洲猪病
——临床兽医指导手册

[马来西亚] 朱兴利(HENRY HL TOO)　著

邵国青　曲向阳　华利忠　主译

中国农业出版社

北京

谨以此书献给我的妻子（Winnie）及我的
孩子们（Eu Jin 与 Ee Ling）！

HENRY HL TOO

译者名单

主译

邵国青　江苏省农业科学院兽医研究所研究员，博士，博导，第八届亚洲支原体组织理事长，首届全国动物防疫专家委员会委员、农业农村部第七届兽药评审专家，获国务院"政府特殊津贴"。聚焦猪气喘病防控技术研究30多年，带领团队创制安全高效的猪支原体肺炎活疫苗，获国家技术发明奖二等奖，中国发明专利优秀奖，神农中华农业科技奖一等奖（2011），优秀创新团队奖（2021）。

曲向阳　博维特（Dr.Vet）咨询联合创始人，中农大兽医学博士。曾在养猪集团与国际育种企业从事健康管理、育种管理、生产管理、研究院院长与大型猪企总裁等多项养猪产业链的工作。博维特咨询，主要从事养猪健康管理、生产管理、种猪育种及综合运营等技术咨询，致力于创建规模化猪场共享研究院，推动规模化猪场重大疾病的净化与防控。

华利忠　博士，江苏农林职业技术学院畜牧兽医学院副教授，江苏省农业科学院兽医研究所副研究员。主要研究方向：猪主要疫病防控与净化技术研究，兽医病理及实验动物研究。

译者（按姓氏笔画顺序排）

卫秀余 1983年2月毕业于上海农学院兽医专业，2008年获聘研究员。主持/参与20多项科研项目，其中1项获国家级奖励、2项获省级奖励。主编或参与出版专业书籍6本，发表专业论文90多篇。

王 衡 华南农业大学兽医学院副教授，广东省高等院校优秀青年教师，广东省畜牧兽医学会杰出科技工作者，国家非洲猪瘟区域实验室（广州）与华南农业大学动物疾病检测诊断中心成员。主要从事猪病诊断与防控、猪场生物安全等研究。

吕英军 博士，南京农业大学动物医学院副教授，中国畜牧兽医学会兽医病理学分会常务理事，中国病理生理学会动物病理生理专业委员会副主任委员，主要从事动物病理学和动物疾病致病机制研究。

孙学强　博士，高级兽医师，现任青岛立见支部书记兼总经理。长期从事非洲猪瘟、猪瘟、小反刍兽疫和布鲁氏菌病等重大动物疫病诊断制品研发，获得农业农村部新兽药3项，兽药产品批准文号等8项，长期致力于重大动物疫病诊断制品研究、生产和技术推广，发表核心期刊及SCI文章20余篇。

李　智　中国农业大学预防兽医学硕士，执业兽医师。现任博维特咨询管理顾问，主要从事3万头母猪规模的猪场健康管理工作。

　　曾在PIC核心育种场从事3年的猪群生产管理工作，熟悉国际育种企业的生产技术标准与高效化猪场管理流程等。曾任职PIC中国健康保障兽医，负责生物安全与种猪群健康管理。

　　擅长非洲猪瘟背景下生物安全体系的标准化建设及健康管理标准制定，熟知规模化种猪场生物安全防控体系的逻辑思路，对生物安全防控的监督执行和持续改进经验丰富。多次成功主持ASFV、PEDV、PRRSV等重大疫病的净化处置。

李孝文　博士，新希望六和猪产业总兽医师/健康管理部总经理、研究院副院长，从事猪群健康管理、猪病净化、生产及经营决策研究与实践，一作/通讯作者论文16篇，其中SCI 6篇，专利授权12项，主持研发项目6项。

宋　爽　华中农业大学博士，师从陈焕春院士、肖少波教授，主要从事兽医临床生产技术工作，现任温氏股份猪业事业部技术部总经理。

张　佳　福州微猪信息科技有限公司合伙人，动物遗传育种与繁殖博士。从事养猪生产管理十余年，曾任福建永诚副总经理、一春农业总经理、网易农业副总经理、卡美副总经理、天邦汉世伟副总裁等职务。主译或参译《现代养猪生产技术》《猪群健康管理》《猪场产房生产管理实践Ⅰ：分娩期管理》及《猪场产房生产管理实践Ⅱ：哺乳期管理》等养猪技术专著，拥有丰富的养猪生产、动物育种及养猪数字化实践经验。

张振东　江苏科技大学生物技术学院，副教授，硕士研究生导师。主要从事猪主要病毒性疾病的分子流行病学及致病机理研究，主持国家自然科学基金、江苏省自然科学青年基金各一项，发表中英文学术文章20余篇。热衷于产学研交流与合作，擅长猪场常见疾病的临床及实验室检测诊断及分析，多次主持并参与猪场非洲猪瘟紧急处置、蓝耳病及腹泻净化项目。

张桂红　华南农业大学兽医学院教授，博士生导师。国家非洲猪瘟区域实验室（广州）主任、国家生猪现代产业技术体系岗位专家、广东省动物源性人兽共患病防控重点实验室主任、农业农村部重大疫病防控专家组专家、全国动物疫病净化专家组专家、国家生猪遗传改良计划专家委员会委员。主持国家重点研发计划、国家自然科学基金等课题20多项。发表科研论文500多篇，其中SCI收录200余篇；获授权20多件；获农业农村部及广东省等科技进步一等奖、二等奖等6项。

陈　杨　四川农业大学预防兽医学博士，正大集团中国区猪事业线西南区兽医总监，具有15年临床兽医经验，擅长10万头母猪及其配套育成猪规模的猪场健康管理。

陈建民　中国农业大学博士，现任天邦研究院健康管理中心总经理。毕业后一直从事养殖一线工作，先后在正大集团担任甘肃育种核心项目兽医经理兼总兽医师助理，天邦汉世伟集团兽医总监。有扎实的临床经验，对于农场生物安全体系建设、疾病诊断、治疗、防控及疫病净化等方面有丰富的经验。

 **周绪斌** 博士，毕业于解放军兽医大学。先后在军事医学科学院、北京大北农、西班牙海博莱、天康生物任职，长期从事动物疫苗的研发和技术服务工作。目前在北京普方生物从事诊断试剂研发、疫病诊断与疫病净化工作。

 **洪浩舟** 中国农业科学院生物所硕士。现任勃林格殷格翰动物保健有限公司产品技术经理。曾就职于国际知名养猪咨询公司、国内大型养猪集团，并参与、负责猪场选址、设计、猪群健康管理等工作。

 **姚睿玉** 华中农业大学预防兽医学硕士，中国农业大学兽医博士，执业兽医师，高级兽医师。毕业后在中粮养殖从事兽医工作至今，致力于规模化猪场疾病防控工作10余年。

莫玉鹏　2011年毕业于四川农业大学动物医学专业，毕业后加入桂林力源集团工作至今，从事过猪场技术服务、饲料应用研究、养猪大学培训、猪场饲养管理、猪群健康管理等工作。目前担任种猪事业部兽医总监一职，主要负责10万头基础母猪的健康管理工作。

　　贾良梁　2012年毕业于扬州大学兽医学院，获学士学位，2015年毕业于扬州大学动物科学与技术学院，获硕士学位。目前就职于淮安生物工程高等职业学校，任讲师，执业兽医，畜牧师。主要从事动物疾病、营养与行为相关研究。

　　高　地　南京农业大学预防兽医学硕士，执业兽医师。2012—2015年在PIC任技术服务专员，接受正规系统的养殖和兽医训练；后加入默沙东动物保健猪产品事业部，现任全国技术服务经理。擅长猪场繁殖管理、呼吸道疾病防控、驱虫管理等。曾在国内外权威期刊发表多篇学术论文，参与《猪群健康管理》等多部英文著作的翻译工作。

席照房 博士，执业兽医师，美国AASV会员；2012年获得华中农业大学临床兽医学博士学位后，于同年7月加入正大集团，负责正大集团中南区饲料、养殖版块的技术服务工作。目前，其核心团队成员接近80人，团队服务的母猪群体达到30万头，年出栏肥猪超过500万头。

黄　律 毕业于中国农业科学院上海兽医研究所，从事猪场一线的健康管理技术服务十多年，多次受训于爱荷华州立大学、伊利诺伊大学等兽医院校课程；现任勃林格殷格翰猪业务全国技术服务总监，健康管理中心负责人，全国动物卫生标准化技术委员会委员，美国猪兽医协会会员；共在国外期刊和学术会议发表20多篇学术论文；在国内率先试行5步法猪蓝耳病综合防控，擅长疾病区域净化等技术。

康　乐 南京农业大学预防兽医学硕士，执业兽医师。毕业后曾在养殖集团从事猪场的生产管理、健康管理、生物安全建设、人员培训等工作，具有10年猪场兽医诊断实验室建设与运营管理经验，尤其擅长实验室诊断体系的建立及兽医实验室诊断与临床应用的结合。现任南京博维特实验室检测版块负责人，兼任中国农业科学院专业学位研究生校外指导教师。

赵康宁 执业兽医师，美国猪兽医协会会员。现任环山集团养猪事业部健康管理部总经理。曾任职于卡美农业技术咨询（苏州）有限公司及北京恩睿康农业技术咨询有限公司，致力于猪群疾病净化及基因潜能最大化的达成。

蒋腾飞 华中农业大学育种学博士在读。现任南京博维特遗传育种业务咨询顾问，10年育种经验，掌握分子育种及CT育种等技术。曾就职于国内前十的上市猪企及国际育种企业，擅长集团化养猪公司的育种管理、公猪站管理、数据管理等。主译/参译养猪相关专业书籍近10部。

前　言

  撰写本书的目的是为亚洲从事猪病诊治工作的临床兽医师、兽医专业学生以及养猪生产者提供一本简单、通俗易懂的猪病防控指南。为了满足目标读者的需求，本书始终强调疑难病例的诊断及其问题解决方案，并与亚洲养猪生产者的能力以及当地的经济状况保持一致。早期版本的书名是《马来西亚猪病防控指南》。然而，经过十多年在亚洲大部分地区的出差，拜访过马来西亚、印度尼西亚、泰国、越南、柬埔寨、菲律宾、韩国、中国的商业化养猪场并提供咨询服务之后，我意识到这些地区的流行病学和猪的健康问题是基本相似的。

  亚洲有两种类型的养猪场，即自给自足的小型家庭养猪场和生产密集型的商业养猪场。近几十年来，小型家庭养猪场的数量明显减少。如今，市场上的猪肉主要由商业化养猪场生产。在过去十年里，如越南、柬埔寨等国的养猪业发生了巨大变化，并在生产体系、饲养管理、经济性以及猪群健康问题上正"迎头赶上"东南亚邻国。猪的许多疾病问题与管理体系和经济关注点有关。与小型自给自足的家庭养猪场不同，在商业养猪场里个体猪只对群体经济收益的影响非常小。在20世纪70年代，我操作过许多小农户非常重视的手术，如剖腹产、隐睾切除和直肠脱垂切除等。今天，操作这些手术的兽医已经不再具有经济意义，因为我们的患者现在是"整个猪群"，而不是个体猪只。这本书更多地满足了商业化养猪场而不是小个体养殖户的需求，对此我并不感到抱歉，不过本书仍然提到了一些传统的经验，如使用机油治疗体外寄生虫病。

  这本书并不自诩完整。这本书的写作是抱着一个谦和的希望，那就是它能够尽可能更符合我的目标读者的需要。为此，我有意识地努力将书中提及疾病的种类限制在亚洲地区从事养猪工作的兽医更可能遇到的疾病，并减少或删除对细菌或病毒的病原学、物理化学性质的详细描述，以及研究者关于发病机制及控制和净化措施的各种理论或思想，我认为目前有些技术还不适用于亚洲环境，并且对本书的目标读者来说也太深奥了。

  书中各章节排序是尽可能依据猪不同年龄段的主要疾病和常见临床症状对疾病进行分类。尽管按照病原学对疾病进行分类（如细菌、病毒、原虫等）非常便捷并常见，但那种分类对于临床兽医来说往往不如将相同症状或原发病因组合在一起的分类，这样更易于查阅。

这本书中收录了大量的图片，其中，除了引用的图片外，书中图片都是多年来我本人拍摄的。由于很多人没有像病理学家那样受到过专业培训，可能很难根据单纯书面描述识别活体动物和大体标本的特征性病变，因此需要将这些图片收录其中。虽然我不认同一张图片胜过千言万语的陈词滥调，但我认识到可视彩色资料的价值，特别是对于包括非技术人员在内的众多读者。

我以深深的感激之情致谢，感谢那些养猪农场主非常慷慨地教会了我很多在书本上看不到的知识（包括对的与错的），感谢不同国家的专业同事和过去在梅里亚的同事、在马来西亚兽医服务部及私营企业的学生们，感谢龙马跃的员工，特别是Lim Ban Keong 博士和Tee Chiou Yan博士，没有他们的热情支持，这本书可能就不会出版。我还要感谢Magarita Trujano博士撰写了第17章的内容，关于霉菌毒素导致的健康问题。

我还想特别提及一位杰出的老师和朋友，Robert Love 博士，他是我在悉尼大学的研究生导师。

Henry HL Too, BVSc & AH, MVSc

目　录

1 母猪围产期和产后疾病

1.1 乳房炎-子宫炎-无乳综合征

乳房炎-子宫炎-无乳综合征（MMA，产后三联症）是指年轻母猪分娩后几天内无法生产足够乳汁的一种综合征。MMA不能用来专指一种疾病，因为实际上导致母猪泌乳问题的任何病症通常都被不加区分地称为MMA。另外，引起母猪应激或不适的任何因素都可能影响泌乳量。由于对确切的病因或病例的认定缺乏共识，MMA多年来积累了一系列混乱的名称，包括无乳毒血症、分娩热、围产期乳房炎、泌乳障碍、围产期毒血症、无乳、大肠杆菌性乳房炎等。尽管MMA一词由于不够准确（并非所有病例都有乳房炎和子宫炎的综合症状）而被某些人反对，但它仍被养猪生产者和临床兽医师广泛使用。该病还有更多形式的名称，如PHS（围产期无乳综合征）和PPDS（产后泌乳障碍综合征），只会加剧混乱。为了方便而非准确，本文依旧使用"MMA"一词，因为大多数养猪生产者和现场兽医似乎更熟悉此名称。

据报道，该病有多达30种不同的病因。大量研究表明，革兰氏阴性菌细胞壁的组成部分——脂多糖内毒素，可被猪子宫、乳房或肠道吸收，从而引起内毒素血症。有些研究者对内毒素的重要性提出了质疑，因为在试验中内毒素所诱导的作用似乎是短暂的。有些研究者认为管理和营养似乎是更重要的诱发因素，如饮水不足、高营养日粮、妊娠后期突然改变饲料、高蛋白日粮、高能量日粮、膳食纤维不足、饲喂过量、饲喂不足、维生素E和硒缺乏等。

1.1.1 临床症状

该病通常发生在分娩后的两三天内，在极少数情况下会在分娩时发生。在疾病早期，母猪表现食欲不振、精神沉郁、烦躁不安和便秘。

虽然通常能观察到直肠温度略有升高，但也有许多有产后泌乳问题的母猪的直肠温度是正常的。

乳房可能会略微或明显增大。通常可观察到母猪俯卧，将乳房藏于身下，不给仔猪哺乳。发生无乳或泌乳不足时，可能伴有或无全身性疾病。

养猪生产者主要根据仔猪的行为推测母猪泌乳是否有问题。正常情况下，除了哺乳前争抢乳头时的短暂嘈杂，仔猪要么在吃乳，要么在睡觉（图1.1）。

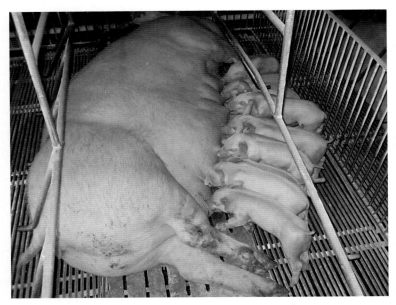

图 1.1 仔猪通常表现出群体行为，一起吮乳或一起休息。

当母猪无乳时，这种群体行为模式就会消失。起初，可以发现仔猪在母猪周围奔跑，拼命地探索乳房是否有奶。

随着时间的推移，仔猪对乳房失去了兴趣。之后，在母猪周围可能会看到虚弱、消瘦、脱水或死亡的仔猪（图1.2）。

当母猪焦躁不安时，较弱的仔猪更容易被母猪压死。口渴的仔猪会喝地板上的水或尿液。仔猪经常患有腹泻。因为这些原因，仔猪皮肤沾染粪便，经常看起来很脏（图1.3）。

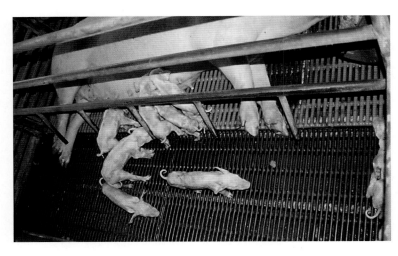

图 1.2 当母猪泌乳不足时，仔猪群体行为就会丧失。患MMA的母猪哺乳的仔猪分散在产床上。仔猪脱水、消瘦，并会被粪便弄脏皮毛。

图1.3　图1.2所示窝中的一头仔猪。

该病大约持续3d后自愈。这时可能整窝仔猪都已经死亡了。幸存的仔猪也可能会成为僵猪。

1.1.2 诊断

由于MMA并不是一种真正的特定疾病，因此用"诊断"一词可能并不完全合适。通常主要是根据临床特征做出MMA的诊断的，如年轻母猪表现出食欲不振，并在分娩后3d内泌乳不足。但是，我们必须牢记，除MMA外，无乳或泌乳不足是多种疾病的临床表现。任何会引起母猪极大不适或全身性疾病的因素都可能导致无乳症。该病可能已被过度诊断，目前似乎有一种将所有无乳症或泌乳障碍都视为MMA的趋势。造成这种情况的原因有很多，临床兽医应积极寻找母猪无乳或泌乳不足的病因。

母猪无乳的鉴别诊断

无乳只是意味着母猪没有乳汁产生，这是除MMA以外的许多疾病的临床症状。在某些情况下，尽管无乳是主要症状，但仔细检查可能会发现其他因素的参与，应考虑以下情况。

异常焦虑或精神性无乳症。头胎母猪偶尔会出现异常焦虑或精神性无乳症，其乳房饱满胀大，但无乳汁排出。母猪常常不安，很容易激动。该无乳症被认为是肾上腺素抑制乳汁分泌造成的。常用镇定剂和催产素来解决这类问题。

由于仔猪的牙齿引起母猪的疼痛。仔猪的侧切齿非常锋利，因此得名"针齿"。仔猪在吮乳时，常对母猪的乳腺造成穿刺伤。大多数母猪能忍受疼痛。但是有些母猪非常敏感，因为仔猪的针齿会引起疼痛而不允许仔猪再吮乳（图1.4）。这个问题只能通过用骨钳或钳子剪短仔猪的针齿来解决。可能需要镇静母猪，以便仔猪吮乳。

图1.4　母猪俯卧，拒绝仔猪哺乳。这头母猪对仔猪的针齿引起的疼痛很敏感。

瞎乳头、赘生乳头或内翻乳头。阻碍乳汁流出的乳头病变常被误认为是无乳症。母猪的瞎乳头可能是在生命早期乳头坏死的结果。前面的乳头最易受影响（图1.5）。这种母猪不应被选作种用。

图1.5 这头母猪有许多瞎乳头和赘生乳头。大部分前面的乳头没有功能。这种母猪不应被选作种用。

内翻乳头（图1.6）也会造成同样的问题。应淘汰此类母猪的父母代种猪。重要的是，选种时需要检查种猪是否有这种缺陷。

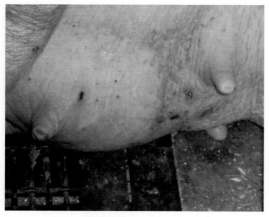

图1.6 一头母猪的瞎乳头和内翻乳头。前面的乳头因瘢痕而失去功能，后两个乳头内翻。无功能的乳头应该在选种时就被检查出来。

低泌乳量。有些母猪的泌乳能力很差。在一些病例中，主要原因是饮水不足。应当让哺乳母猪在任何时候都能获得足够的饮水。

1.1.3 治疗和控制

治疗的主要目的是预防或尽量减少仔猪死亡。这实际上意味着要确保仔猪得到喂养。如果可能的话，可以将仔猪寄养给最近刚生产的母猪。如果没有代乳母猪，可以使用商业化的代乳品或自制配方的代乳品饲喂仔猪。在仔猪出生的最初几天，它们可能需要用一次性塑料注射器单独喂养。但是，代乳品应该是温热而新鲜的，第一周前后应每1～3h喂一次，此后每8～12h喂一次。每天的饲喂量应约为仔猪体重的10%，并分成几次喂。

葡萄糖（5%～20%）或脱脂奶是商品化配方奶粉的方便替代品。应注意避免过度饲喂。如果出现腹泻，应在1～2d内大量减少饲喂量。通常仔猪2～3日龄后，就会用放在地板上的浅盘喝水。许多母猪会在3～4d内恢复乳汁量，此时用前文的方法喂养仔猪的操作就可以停止。很明显，人工喂养仔猪是非常为难的，而且在大型规模化猪场中并不实用。更实用的方法是给母猪注射催产素。肌内注射催产素（30～50U）通常可以引发乳汁分泌。由于催产素的半衰期很短，这意味着每次注射只能引发一次短暂泌乳。因此，应每1～2h重复注射一次催产素。注意不要刺激母猪，因为兴奋的母猪释放的肾上腺素会阻碍催产素的作用。据报道，静脉注射催产素（10U）更有效。可是，要这样做的话，需要尽可能地避免对母猪造成过度应激。

当发现大量无乳病例与肠杆菌性乳房炎有关时，应使用广谱抗生素对感染母猪进行治疗。一种策略是在分娩前一周到分娩后一周用对革兰氏阴性菌有效的抗生素拌料喂给母猪。另一种策略是，在分娩后前几日每日注射抗生素，此时既可以配合投喂抗生素，也可以不投喂。但是该策略不适用于未找到泌乳障碍原因的情形。虽然在泌乳问题高发时，短期实施这些策略可能是必要的，但不能以此来取代对围产期管理的改善。

据报道，在分娩当天使用非甾体类抗炎药是有益的。前列腺素合成酶抑制剂氟尼辛葡甲胺（2mg/kg）已被证明是有效的，特别是在母猪乳房水肿和采食下降的情况下。可能具有类似作用的其他药物有托芬那酸（2～4mg/kg）和美洛昔康（0.4mg/kg）。

据报道，用前列腺素$F_{2\alpha}$或其合成类似物氯前列烯醇诱导分娩对降低母猪无乳发病率是有效的。诱导分娩或批次分娩也有利于仔猪的寄养，在某些情况下，甚至是应对母猪无乳问题的最切实可行的方法。

良好的饲养管理对于改善母猪无乳问题是有益的，要避免母猪分娩前的任何剧烈的变化，如更换饲料或环境改变等。应将母猪尽早转入产房，以使其及早适应新的环境。产房的卫生很重要，分娩前两三天可以喂给母猪利于通便的饲料。对于产房中的哺乳母猪，产房环境不宜存在造成过多应激的因素或者其他不适因素。

特别是在热带国家，高温应激加上高湿，对母猪的食欲和泌乳性能都有负面影响。因此，确保哺乳母猪有足够的饮用水就变得很重要，应保障每头母猪有独立的饮水器。如果使用水槽同时放饲料和水，那么要确保两次饲喂之间让水槽内装满水。

1.2 乳房炎

乳房炎可分为两种临床类型。一种是炎症局限于一个或多个乳腺，母猪没有全身性疾病的症状；另一种是乳房炎的症状涉及多个乳腺，同时伴有发热、食欲不振、精神沉郁、无乳，在严重的情况下，甚至会导致死亡。后一种情况通常由大肠杆菌性乳房炎引起，导致母猪出现毒血症，有时伴有明显的乳房肿痛症状，有时也没有。虽然这两种类型的乳房炎的病因和诱发性因素可能是相似的，但这种区分有助于避免将局部感染的乳房炎和引起全身性症状的大肠菌性乳房炎相混淆。为方便起见，我们将前者称为单纯性乳房炎，后者称为大肠杆菌性乳房炎。

乳房感染通常发生在乳房损伤后。最常见的乳房损伤原因是仔猪未剪牙或剪牙不规整、锯屑或者木屑等垫料污染以及粗糙的地板。环境卫生差也会导致更高的乳房炎发生率。

虽然涉及单个或多个乳腺的单纯性乳房炎可能与多种细菌感染有关，如化脓放线菌、链球菌和葡萄球菌，但大多数为革兰氏阴性菌，包括大肠杆菌和其他肠杆菌群。

大肠杆菌性乳房炎病例的，感染情况通常与大肠杆菌（最主要因素）、克雷伯氏菌、肠产气杆菌和柠檬酸杆菌有关，从而表现为一种症状明显且往往是急性的乳房炎。大肠杆菌性乳房炎在某些情况下也可能呈现亚临床型，主要表现为母猪的全身性症状，而无明显的乳房炎症状。猪大肠杆菌性乳房炎与牛大肠杆菌性乳房炎有相似之处。

1.2.1 临床症状

哺乳期内急性单纯性乳房炎仅表现为一个或多个乳腺的局部炎症（图1.7）。

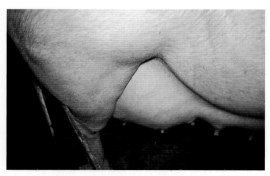

图1.7 累及后部乳腺的急性单纯性乳房炎。乳房肿胀、发红、疼痛。

急性乳房炎可由仔猪尖牙造成的穿刺伤口感染引起（图1.8）。

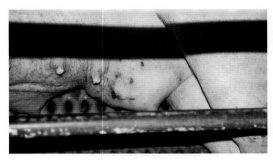

图1.8 涉及单个腺体的急性乳腺炎。请注意，可能是哺乳仔猪的没有剪掉的尖牙造成的刺伤。

慢性单纯性乳房炎时可见乳房胀肿，断奶后乳房也未能恢复到正常大小（图1.9）。

图1.9 多乳腺的慢性单纯性乳房炎，通常在仔猪断奶后受感染的乳腺无法恢复正常大小时才被注意到。感染乳腺会增大、变硬实、无痛感。无功能乳腺数量较多的母猪应淘汰。

在母猪泌乳期，在个别坚硬的乳腺中常常可以挤出脓汁。这样的乳腺会变得纤维化并永久失去功能。

对于急性大肠杆菌性乳房炎病例，若不及早治疗，精神沉郁、厌食和严重的毒血症发展得会很迅速，最终很可能导致母猪死亡。乳房变得肿胀、疼痛

（图1.10）。之后，母猪乳房皮肤可能会变成深色或紫色。如果母猪存活足够长的时间，可能会发展成乳腺坏疽。

图1.10　患全身性疾病母猪的急性大肠杆菌性乳房炎累及多个乳腺。乳腺发热、发红、肿胀、疼痛。

急性大肠杆菌性乳房炎的症状与母猪MMA的症状相似。实际上，急性大肠杆菌性乳房炎可能就是引起MMA的原因之一。

对于急性发病的母猪，可通过注射抗生素进行救治，但其仔猪应该寄养出去或人工喂养。

乳房炎严重的猪场，从母猪妊娠第112天开始以15mg/kg的磺胺甲氧苄啶拌料给药4d，进行预防性用药可以降低乳房炎的发病率。但是，以这种方式使用抗生素只是一种短期措施，不能替代良好的管理。在乳房炎是群体问题的猪场，找出并纠正诱发因素才是最重要的。实际上，这意味着要通过使用适当的消毒剂来维持产房的卫生，整改粗糙的地面，正确地进行仔猪剪牙（产后不久），确保锯末垫料（如果使用的话）是清洁的。

1.3 母猪咬仔

咬仔在头胎母猪中更为常见。许多头胎母猪可能会做出看起来像是要攻击仔猪的举动，尤其是在分娩过程还没有结束的时候。然而，这些举动可能是为了吓跑而不是伤害仔猪，因为它们很少让仔猪真的受伤。有些咬仔的母猪攻击行为坚决，甚至会把整窝仔猪都咬死。然而，大多数头胎母猪在后续胎次的生产过程中并没有继续咬死其仔猪。因此，通常没有必要淘汰具有攻击性的头胎母猪。咬仔的真正原因尚不清楚，但可能是由于对新生仔猪的一种焦虑和恐惧。咬仔行为有时也可能是由异常的应激因素引起的。

因为大多数的分娩发生在夜间，所以到第2天整窝仔猪可能都已经被母猪咬死。观察到母猪咬其仔猪，或者当仔猪靠近时，母猪惊恐地站起来，则可能需要给母猪注射镇静剂。

在有独立产房的猪场，可以通过收集每只刚出生的仔猪，并把它放在保温箱或其他温暖的地方来防止母猪的咬仔行为。在母猪分娩完成后，可以通过给它一只自己刚生的仔猪来测试母猪对仔猪的接受度。表现出咬仔倾向的母猪应该注射镇静剂，如阿扎哌隆等。但是，镇静剂可能会导致母猪站立不稳并增加压死仔猪的风险。更好的选择是引起较浅度的麻醉，如可以静脉注射巴比妥类药物（戊巴比妥），直至母猪足底反射消失。如果没有受到干扰，母猪会昏睡3～6h，直至完全恢复，才能站起来。另一种选择是，使用安眠剂，如美托咪酯与阿扎哌隆联合使用，会诱导一种浅度麻醉状态。据报道，给母猪喂瓶啤酒，让它睡一觉这种古老的方法也非常有效。

1.4 难产

需要助产的难产（或分娩困难）仅占所有分娩的0.25%～1%。因此，母猪难产通常不被认为是集约化养猪业生产损失的重要原因。

引起母猪难产最常见的原因是宫缩乏力。原发性宫缩乏力是由激素因素、营养不足、母猪疾病和可能的中暑虚脱等复杂原因造成的。继发性宫缩乏力是产程过长后母猪疲劳的结果，通常是因一个、两个或更多的仔猪阻塞在盆腔入口造成的产道阻塞引致。

诊断难产，首先需要了解正常的分娩过程。分娩前3～4d母猪外阴变得明显肿胀。当乳房开始分泌乳白色分泌物时（图1.11），分娩预计在24h内开始。

大概这时接产人员用手可以从母猪乳房挤出乳汁（图1.12），也可以观察到母猪做窝行为。

当母猪从外阴排出含有胎粪的深褐色分泌物（图1.13和图1.14）时，分娩会在30min内开始。

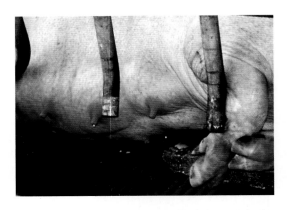

图1.11 有乳白色分泌物从乳房滴下的母猪。这样的母猪会在24h内分娩。

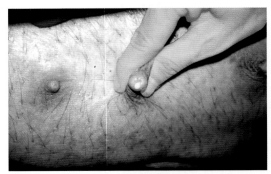

图1.12 可以在分娩前24h内对母猪进行人工挤奶获得初乳。

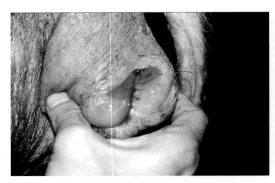

图1.13 当外阴分泌物在有胎粪的情况下变为深褐色时，产仔应在30min内开始。注意肿胀的外阴。外阴肿胀发生在分娩前3～4d。

初产母猪似乎比经产母猪更易受应激因素的影响并产生躁动。在大多数情况下，产程为4h内，但也会长达12h。仔猪出生的平均间隔时间约为20min（图1.15）。

图 1.14　分娩前排出的深褐色分泌物中含有胎粪。注意：放置白纸是为了形成对比，以显示胎粪的颜色。

图 1.15　仔猪出生的平均间隔时间约为 20min。然而，这在不同的母猪可能有差别。

最后一只仔猪出生后，排出胎衣的平均时间约为 4h。然而，这一时间的差异可能非常大。虽然胎衣的排出通常被认为是分娩结束的标志，但有时在部分胎衣排出后仍会有仔猪出生。

1.4.1 临床症状

以下症状表示母猪出现了难产：

- 妊娠期过长。
- 阴户流出血性分泌物和胎粪，但没有用力努责的迹象。
- 长时间用力努责，但无仔猪分娩。
- 产出一只或多只仔猪后不再有分娩迹象。母猪表现出痛苦的样子。
- 阴户流出褐色且有异味的分泌物。
- 经过长时间的分娩，母猪显得虚弱而疲惫。

1.4.2 治疗

在干预母猪分娩之前，我们必须确定母猪确实有难产的问题。例如，有时养猪生产者可能误认为某头母猪的妊娠期已经超期了（如超过 116d）。在这种情况下，母猪记录的准确性是非常重要的。母猪的预产期是从配种日开始计算。因此，准确的配种日期是非常重要的。例如，如果母猪在配种 3 周后返情，重新配种后，但因为工作疏忽，没有记录第 2 次配种的日期，那么母猪的预产期将被错误地提前 3 周。因此，在这个阶段给母猪注射前列腺素来诱导分娩会导致流产，有时甚至试图将手插入产道也会导致流产。

如果母猪长时间用力努责，而没有产仔的迹象，并且看起来筋疲力尽，则可以通过检查阴道来确定产道是否受阻。但是，在这样做之前，用肥皂、水和消毒液彻底清洗母猪的外生殖器是非常重要的。在将手插入产道之前，也应同样对手进行清洁并用产科润滑剂润滑。在许多情况下，掏出体型过大的仔猪有助于解决产道受阻的问题。在产科操作过程中不注意卫生可能会导致感染，从而危及母猪的生命。可以使用各种产科器械，如钳子、钩子和绳套。必须小心使用此类设备，以免对母猪产道造成损伤。每次采取干预措施将仔猪从产道中取出时，应给母猪注射抗生素。

每15～20min肌内注射20～40U催产素可治疗宫缩乏力。应首先对母猪进行检查，以确认子宫颈已开张且没有物理性的阻塞。通常，将手插入阴道会刺激子宫收缩，甚至不需要使用催产素。只要仔猪体型没有过大，拉出一两个仔猪也常常会刺激母猪子宫收缩，使其他仔猪随后产出。

仅在无法进行人工助产时才实施剖腹产。如果母猪分娩时间超过24h或表现出毒血症迹象（即皮肤变色），通常不建议剖腹产。从经济角度看，剖腹产手术的经济效益较低。

1.5 子宫炎

分娩后母猪出现子宫感染，这点与其他农场饲养动物的临床表现类似。治疗方案也基本与其他动物相同，但需要注意的是，与大多数其他养殖动物不同，多数母猪分娩后排出浓稠的、黏液状的、无气味的白带状絮状物，尤其是在分娩后的2d内（有时长达4d）。这是正常现象，不需要治疗。分泌物的体积为20～50mL（图1.16）。

子宫感染或子宫炎病例通常阴道排出大量水样的、有异味的，呈灰色、棕色或黄色的分泌物（图1.17）。其他临床症状可能包括无乳和发热。在大多数子

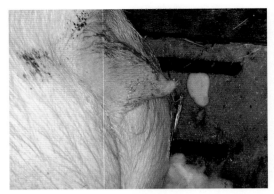

图1.16　产后母猪排出的白色、黏稠、无味的分泌物。此类分泌物的排出可持续2～4d，并且可能是正常现象，无须治疗。

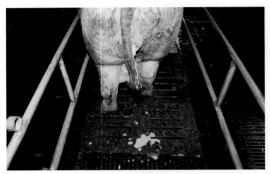

图1.17　子宫感染病猪阴道大量的、水样的、难闻的分泌物。通常为灰色、棕色或淡黄色。

宫感染的病例中，分泌物是恶臭的。因此，可遵循的一条经验法则是：如果闻到臭味，就治疗。

给母猪肌内注射抗生素，可以给予至少2d的抗生素，如磺胺甲氧苄啶、土霉素、阿莫西林、氨苄青霉素或青霉素、链霉素。在一些猪场，分娩后给母猪例行性注射前列腺素，可帮助子宫恢复并预防子宫炎。

1.6 膀胱炎/肾盂肾炎

母猪的膀胱炎和肾盂肾炎是由许

多细菌性病原累积到一定程度所引起的，其中以放线杆菌（旧称放线菌、真杆菌、棒状杆菌）为主。发病率通常较低，仅零星发病，因此不会造成严重的经济损失。猪放线杆菌（*A. suis*）存在于正常公猪的包皮和前憩室。母猪的阴道前庭经常在与公猪交配后受到感染。但由于交配后 1～2h，放线杆菌即在阴道前庭中消失，因此感染通常不会自行建立。然而，在某些未知情况下，猪放线杆菌可能会引起感染，这种感染会从尿道上行到达膀胱，引起膀胱炎。感染可能会扩散到肾脏，导致肾盂肾炎。

1.6.1 临床症状

通常可于母猪配种或分娩后 1～3 周内观察到膀胱炎和肾盂肾炎的临床症状。这表明，对母猪尿道的创伤是重要的诱发因素。临床症状根据疾病的严重程度而异。通常，观察到的唯一症状是食欲不振以及妊娠或哺乳期间体重的快速、渐进性的减轻。对于产后母猪，分娩后 3 或 4 周，会出现严重消瘦（图 1.18）。另外，较明显的临床症状是血尿，在轻症病例中，这可能是唯一的临床症状。在许多情况下，血尿可能没有被发现，因为很难对单个母猪进行观察，而且疾病的首要症状可能是体重下降。在早期阶段，母猪可能会表现出严重的多饮症，但这常被忽视。如果不加以治疗，大多数母猪最终都会死亡。

图 1.18　患膀胱炎和肾盂肾炎的母猪在哺乳期体重迅速下降。母猪在分娩后第 4 周左右死亡。

1.6.2 病理变化

剖检时发现肾脏小而畸形，表面有不规则的黄色实质变性区域（图 1.19）。肾盂因脓液、坏死碎片和充血而扩张。膀胱壁明显增厚，黏膜发炎，并覆盖多余的黏液（图 1.20）。可从病灶中分离出猪放线杆菌。病猪可在没有肾盂肾炎表现的情况下存在膀胱炎。

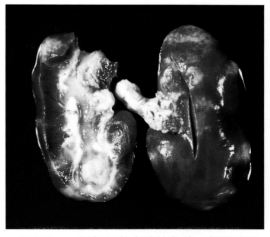

图 1.19　一例肾盂肾炎猪的肾脏。肾脏畸形，表面可见坏死的黄色区域。肾盂因坏死碎片而扩张。图片由 Love RJ 提供。

图1.20 母猪膀胱炎和肾盂肾炎引起的膀胱黏膜表面增厚和弥漫性出血。这头母猪被注射了青霉素，断奶后不久就被淘汰了。

1.6.3 治疗和控制

使用抗生素（如青霉素），通常会取得成功，但常常会复发。

建议及时将感染母猪淘汰、送宰。目前，似乎没有非常有效的方法来预防该病的发生。由于大多数成年公猪都是猪放线杆菌的携带者，因此无法从猪群中淘汰疑似带菌的公猪。

1.7 母猪瘦弱综合征

这是一种导致母猪在哺乳期逐渐消瘦，即使断奶后体重也无法恢复的综合征，初产母猪常发生该病。

初产母猪营养不足是最常见的原因，维持哺乳期饲料的高能量和高蛋白质水平非常重要，特别是对于尚未完全成熟的年轻母猪。在热带地区国家，产房设计不当、通风不足会加剧这一问题，并导致哺乳母猪热应激和食欲不振。

1.7.1 临床症状

哺乳期和断奶后的消瘦可能是唯一明显的临床症状（图1.21）。许多感染母猪断奶后可能不会再发情，或出现较长的断奶发情间隔。表现出发情并在断奶后10d内成功配种的消瘦母猪的产仔数会下降。在某些情况下，可能会导致永久性不育。这种情况在头胎母猪表现最为明显。

图1.21 一头极瘦的母猪仍在哺乳。母猪瘦弱综合征是管理问题，而不是一种实际的具体疾病。

1.7.2 诊断

主要基于临床症状进行诊断。分娩或断奶后体重迅速下降也是猪放线杆菌感染引起的膀胱炎或肾盂肾炎的重要特征。但是，哺乳过程中由于营养不足造成母猪消瘦是群体性问题，而膀胱炎或肾盂肾炎影响的是某头母猪。

1.7.3 治疗和控制

母猪瘦弱综合征本质上是管理问题。主要的治疗方法是确保年轻母猪，特别是头胎和二胎母猪在哺乳期获得足够的营养。在母猪哺乳期和妊娠早期应供给足够的饲料，以维持母猪的体重，并使其在每胎之间增重 10 ～ 15kg。应供给哺乳期的母猪富含蛋白质和能量的专用饲料。

在大多数猪场，哺乳母猪与断奶母猪的饲料类型是一样的。预防母猪瘦弱综合征的一个实用建议是在晚间给哺乳期的母猪额外饲喂，并确保饮水的充足供应。

2 断奶前仔猪腹泻

不可否认，仔猪腹泻是造成猪死亡的常见原因之一。然而，与普遍认知相反，仔猪的腹泻并不完全是由传染性病原体所引起。在许多情况下，主要的诱发因素是管理不善导致易感仔猪暴露于大量的致病微生物中和/或应激影响仔猪的免疫应答。

2.1 新生仔猪大肠杆菌病

并非所有大肠杆菌都具有致病性，事实上，绝大多数大肠杆菌都是无害的，是胃肠道正常菌群的一部分。

肠道大肠杆菌病（即致病性大肠杆菌引起的腹泻）主要发生在猪一生中的三个时期，即：

- 新生儿期（出生第1周）；
- 断奶前；
- 断奶后不久。

仔猪在出生后的前5d发病最为严重，称为新生仔猪大肠杆菌病。引起传染性新生仔猪腹泻（出生不到1周）的最常见微生物是大肠杆菌。因此，肠道大肠杆菌病是世界各国集约化猪场的一种非常严重的传染病。尤其对于头胎母猪所产仔猪来说，发病率更高。

引起仔猪腹泻的大肠杆菌也被称为产肠毒素大肠杆菌（ETEC）。ETEC引起发病必须具备至少两个要素：它们必须能够附着在肠壁上（a）并产生肠毒素（b），这些要素即为致病因子。是否具备一个或多个致病因子决定着大肠杆菌是否具有致病性。

（a）黏附肠壁

ETEC具有附着在小肠黏膜表面（肠道内壁）的能力，因为其菌毛顶端有黏附素。菌毛黏附素使ETEC能够附着在小肠上皮细胞的特定受体上。在众多的菌毛黏附素中，ETEC中有4种重要的黏附素可引起仔猪腹泻。它们分别是F4（K88）、F5（K99）、F6（987P）和F41。F4（K88）进一步分为3个突变体F4ab、F4ac、F4ad。许多ETEC至少产生一种以上的黏附素。

（b）肠毒素的合成

附着在肠黏膜上的ETEC，必须能够产生毒素才能引起发病。目前公认的毒素主要有两种，即热稳定毒素（ST）和热不稳定毒素（LT）。热稳定毒素进一步细分为STa和STb。这些外毒素会导致液体和电解质分泌到肠腔内（LT）或抑制液体和电解质被肠道吸收（ST）。殊途同归——水样腹泻导致脱水和酸中毒。

2.1.1 发病条件

除ETEC外，其他因素也会导致并加剧新生仔猪腹泻的流行。猪舍内的卫生状况不佳可能导致仔猪接触大量的ETEC。这在大型集约化猪场的连续生产单元中更为常见。环境温度起着重要的诱发作用。研究表明，低温（低于25℃）会导致肠道收缩减少，这降低了肠道对液体的排泄功能，也延迟了乳源抗体的吸收。也许，这就是为什么在寒冷多雨的天气，仔猪腹泻发病率升高的原因，养猪人对这种现象再熟悉不过了。

新生仔猪依靠来自母猪初乳中的特异性抗体获得免疫力。仔猪从无菌的环境（即子宫）中出来后，在第一次吮乳的过程中首次接触到微生物。在吮乳之前，它们对传染性病原体没有特异性的免疫防御（图2.1）。如果初乳中存在抗ETEC的特异性抗体，这些抗体就可以防止ETEC在肠壁的黏附和定植。没有接触过特定ETEC菌株的母猪，它们的初乳中没有针对这些细菌的特定抗体，无法为它们的仔猪提供保护。青年母猪可能没有在产房中充分接触到细菌种群，这也是其所产仔猪发生新生仔猪腹泻的频率和严重程度更高的原因。即使母猪的初乳中有特异性抗体，由于各种原因（仔猪虚弱、个体小，母猪乳头功能不全、乳腺炎），吮乳量不足的个别仔猪也可能更容易患新生仔猪腹泻。这就是为什么一些弱仔更有可能患病，而比它们更健康、更健壮的同窝仔猪却不受影响的原因。

2.1.2 临床症状

肠道失液引起的脱水是感染仔猪死亡的主要原因。该病的主要临床症状是腹泻和脱水。该病可在仔猪出生后2～3h内随时发生。（腹泻可能在出生后不久就会发生，以至于一些养殖人员可能会认为仔猪出生时就在腹泻。）新

图2.1　新生仔猪（注意胎粪）争夺乳头。通常仔猪从无菌的子宫里出来后，在产房环境中第一次接触到细菌和其他微生物。这一阶段免疫保护的主要来源是初乳中的抗体。

生仔猪腹泻的发病高峰是在出生后第3天。整窝或单头猪都可能受到影响。通常最先出现的迹象是地板上的稀薄粪便。然而，因为腹泻粪便清稀，需要仔细检查才能发现。粪便的颜色差异较大：透明的，发白的或不同深浅的棕色。在严重病例中，感染猪可能在早期阶段仍会吮乳，但随着病情的发展，它们会逐渐失去食欲。在大腿或会阴处可见干的腹泻粪便痂，肛门周围可见烫伤样外伤。有时，肠道失液可能又急又重，以至于死亡时腹泻尚未发生。体温通常正常或较低。随着脱水加重，仔猪变得非常虚弱，侧卧，划桨动作也很微弱。由于脱水，眼球凹陷，骨关节更加突出（图2.2和图2.3）。这种严重感染仔猪通常会死亡。受影响不那么严重的猪会继续饮水，也可恢复健康。该病的严重程度与年龄有关，当该病发生在仔猪出生的前几天（新生期）时，死亡率通常较高。仔猪在断奶前的任何时间都可能发

图2.2　发病猪群中一头腹泻脱水死亡的仔猪。临床表现眼球凹陷、脱水状态，体表有粪便的沾染。

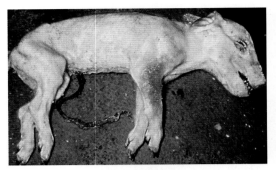

图2.3　新生仔猪大肠杆菌病引起仔猪死亡的主要原因是脱水。注意眼球凹陷和骨关节突出。残余的脐带证明这是一头新生仔猪。

生肠道大肠杆菌病。然而，除非伴有其他病原体感染，否则1周龄以上的仔猪由ETEC引起的腹泻很少像新生仔猪那样严重（图2.4）。

图2.4　超过1周龄的仔猪腹泻症状很少像新生仔猪那样严重。

2.1.3 病理变化

无典型的明显病理组织学病变。严重时，尸体脱水，肝脏呈暗色。小肠松弛、扩张；胃扩张，通常含有未消化的凝乳。组织学病变取决于大肠杆菌的类型。通过适当的染色，可以检测到黏附在小肠上皮细胞上的大肠杆菌（图2.5）。

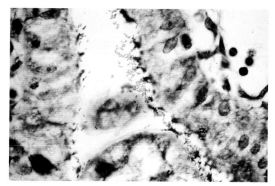

图2.5　通过适当染色可以看到附着在小肠黏膜边缘的大肠杆菌。图片由Love RJ提供。

2.1.4 诊断

基于临床症状、实验室培养及药敏试验进行诊断。虽然断奶前腹泻可由多种原因引起，但在世界范围内引起新生仔猪腹泻的最常见原因是肠道大肠杆菌病。在没有其他日龄猪群发病的情况下，出生不到1周的猪有大量水样腹泻时，通常可推定诊断为肠道大肠杆菌病。其他可能的病因包括轮状病毒和产气荚膜梭菌感染。

通过对产肠毒素大肠杆菌的分离鉴定进行确诊。在进行病菌分离之前，应检测腹泻粪便或肠道内容物的pH。由肠道大肠杆菌病引起的腹泻物pH呈碱性，而由病毒导致吸收不良引起的腹泻物pH通常呈酸性。当来自腹泻新生仔猪的粪便的pH呈碱性时，便可做出大肠杆菌病的推定诊断。如有可能，应对临床感染的活仔猪小肠内容物进行培养。如果没有活仔猪，可用刚死亡的猪代替。理论上讲，确诊应该基于肠毒素的存在。然

而，这对于常规诊断通常是不切实际的。因此，在大多数情况下，出生不到1周的仔猪发生腹泻，小肠内容物中存在大量增殖的大肠杆菌，就可以作为诊断的充分依据。

2.1.5 治疗和控制

多种抗菌药物已被用于治疗肠道大肠杆菌病。然而，大肠杆菌对许多抗生素都有耐药性，抗生素的耐药性模式可能因猪场而异。常用的抗生素有新霉素、四环素、磺胺类、庆大霉素、大观霉素、卡那霉素、链霉素、氨苄青霉素、阿米卡星、安普霉素等。由于农场不加选择地使用抗菌药物，分离出的大肠杆菌往往表现出多重耐药性。最好根据抗生素敏感性测试结果选择抗菌药物。然而，大多数情况下，在等待抗生素敏感性测试结果的同时抗菌药物治疗刻不容缓。当得到结果时，抗菌治疗通常已经不再有用了。此外，从一窝仔猪的测试样本所得的测试结果，未必适用于另一窝仔猪。如果直接对用于大肠杆菌纯培养的样本进行敏感性测试（这通常会引起细菌学家的不满），结果可能会更快得到。在许多情况下，基于经验选择抗生素可能更实际。一个特定农场的抗生素耐药性模式需在一段时间内对来自不同猪舍的大量样本进行测试后才能确定。当发现抗菌耐药性问题时，应尝试使用新的抗生素，如阿米卡星

和安普霉素。猪应单独治疗，并根据用药周期施药，同时应对同窝仔猪进行治疗。为了防止多重耐药性问题，农场主应该摒弃同时使用几种不同类型抗生素的习惯。

口服补充电解质是非常有益的，因为死亡主要是由于脱水和酸中毒。腹腔注射电解质溶液有助于降低死亡率。

农场主与其使用各种抗菌药治疗仔猪腹泻，倒不如着力控制新生仔猪腹泻的蔓延。控制的主要目标是减少分娩栏中大肠杆菌的数量。因此，分娩区域的卫生清洁和良好管理对控制新生仔猪腹泻至关重要。

温暖干燥的分娩舍很重要，因为它减少了大肠杆菌存活所需的水分。干燥温暖的环境也能减少仔猪的热量损失。仔猪的主要应激是寒冷，其可降低仔猪抵御感染的能力。在温暖的热带国家，人们低估了低温对仔猪的影响（图2.6）。仔猪，尤其是那些出生在夜晚或雨天的仔猪，确实会遭受冷应激。

图2.6 小猪挤在一起寻求母猪身体的温暖，表明它们感到冷。冷应激是大肠杆菌病等疾病的重要诱发因素。

即使在温暖的热带环境中，也要重视采取措施（如保温灯或铺垫）为仔猪保温（图2.7）。

图2.7 保温灯是必不可少的，以防止仔猪过度受寒。这一事实在温暖的热带环境中有时被低估。

设计不佳的产房会导致哺乳期母猪遭受过度的热应激。因此，许多农场主每天都要喷淋母猪，使其降温。这种做法通常会导致猪圈潮湿并使仔猪受寒。如有可能，应避免在分娩后的第1周喷淋分娩栏。养猪户面临的挑战是如何让母猪保持凉爽，同时让仔猪保持温暖。

使用带漏粪板的高床分娩栏将有助于降低仔猪腹泻的发病率。

隔离检疫对防止不同血清型的大肠杆菌或其他传染性病原侵入猪群中是很重要的。因为猪群对它们没有接触过的血清型的大肠杆菌几乎没有或根本没有免疫力。

在不同窝次的间隔期应对分娩栏进行彻底清洁和消毒。如有可能，下一批母猪被转运进来之前，分娩栏应该至少空置1周。分批生产、彻底消毒和完全清空产房，有助于减少产房中大肠杆菌的数量。

虽然预防性抗菌药物治疗可暂时减少母猪肠道内的细菌数量，这将减轻仔猪感染的压力，但缺点是，给母猪连续使用抗生素会导致耐药性问题。在预防用药的情况下，当发生新生仔猪大肠杆菌病时，明智的做法是选用不同的抗生素进行治疗。

控制新生仔猪大肠杆菌性腹泻更为有效的方法之一是对母猪进行免疫接种。初乳中的抗体是新生仔猪保护力的主要来源。

口服活疫苗在美国已被广泛使用。据报道，在分娩前3～4周给母猪饲喂腹泻仔猪小肠内容物的牛乳培养物非常有效。

已有商品化的灭活的细菌全细胞疫苗或含有重要抗原（F4、F5、F6和F41）的纯化菌毛疫苗，通常在母猪分娩前4～6周通过肌内注射或皮下注射的方式进行接种，然后在母猪分娩前1～2周再次注射。而某些疫苗最好在仔猪刚出生时首免，这些疫苗对新生仔猪肠道大肠杆菌病更有效，但对1周龄以上仔猪的大肠杆菌性腹泻效果较差，因为1周龄后初乳中的抗体在仔猪肠道中不复存在。

预防措施主要是妥善的管理方法、良好的卫生习惯、适当的保温、减轻母猪和仔猪的应激。

2.2 猪轮状病毒感染

猪轮状病毒感染是造成1周龄以上仔猪腹泻的常见原因。大多数轮状病毒感染猪临床症状不明显。

猪轮状病毒感染呈世界性分布，并在传统的养猪场呈地方流行性。猪轮状病毒对恶劣环境有很强的抵抗力，因此即便有根除它的可能，也是希望渺茫。实际上，最明智的方法是开展母猪和小母猪的感染免疫，以确保它们在分娩前产生高水平的抗体。

自然状况下，轮状病毒腹泻通常以地方流行性的形式发生。90%～100%的成年猪体内有轮状病毒抗体。哺乳母猪的免疫状况影响着临床疾病的严重程度。如果初乳中没有或几乎没有抗体的母猪分娩的仔猪在出生后的最初几天内感染轮状病毒，可能会患上严重的腹泻，死亡率高达50%。这就是为什么新建的农场会偶尔报告出现严重的腹泻疫情和高死亡率的原因，在这些农场中，繁殖群中大多数是小母猪。

仔猪通过初乳和常乳获得的抗体水平在其出生后几天内迅速下降。当轮状病毒的感染剂量超过乳源性抗体水平（初乳和常乳中针对轮状病毒的特异性抗体）时，就会引起临床疾病。虽然该病通常发生在1～5周龄，但小于1周龄的仔猪也可能被感染。通常，猪越小，感染越严重。

病毒是通过口腔侵入的。随后，病毒感染小肠的成熟上皮细胞。上皮细胞的破坏和随后的脱落导致了小肠绒毛的缩短（即绒毛萎缩）。成熟吸收细胞的脱落导致消化不良和吸收不良，因为剩余的未成熟细胞的微绒毛边缘缺乏肠激酶。

这种酶是将胰蛋白酶转化为活性形式所必需的。其他肠道病原体的存在会加重轮状病毒感染的严重程度，而母猪乳汁中抗体的存在会减轻仔猪轮状病毒感染的严重程度。

2.2.1 临床症状

大多数病猪临床症状不明显或仅伴有轻度腹泻，随后迅速恢复。头胎仔猪受到的影响较为严重。仔猪通常于 1 ~ 5 周龄感染。发病率最高的是 1 ~ 3 周龄的仔猪。在大多数情况下，受影响的仔猪比例不超过20% ~ 30%。腹泻只持续 2 ~ 3d，之后大多数感染仔猪就会痊愈。感染仔猪粪便通常呈糊状，有轻度脱水。因此，在大多数非头胎母猪中，轮状病毒腹泻似乎没有造成严重的后果（图 2.8）。然而，在不到1周龄的仔猪中，腹泻可能很严重（图2.9）。粪便的颜色通常为黄色或白色，含有白色物质，即未消化的乳汁（图2.10）。黏稠度可呈水状或糊状。有些猪可能会呕吐。如果

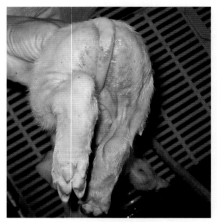

图2.9 不到1周龄的仔猪轮状病毒腹泻会很严重。注意微黄色的腹泻物和猪会阴部的烫伤样外伤。图片由YH Cheong 提供。

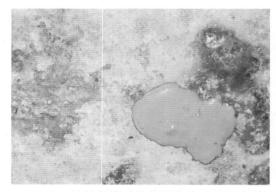

图2.10 头胎仔猪感染轮状病毒会引起大量、水状和淡黄色腹泻物，有时腹泻物伴有白色未消化的乳汁。图片由YH Cheong 提供。

图2.8 在传统的猪群中，轮状病毒腹泻通常发生在1周龄以上的猪，粪便呈糊状，颜色由淡黄色变为淡白色。在大多数情况下，腹泻会在 2 ~ 3d内消失，猪也会安然无恙地恢复。

并发致病性大肠杆菌感染，病情可能更严重。

但是，有些情况与上面描述的常规情况不同。在经常有新猪转入的种猪场中，轮状病毒腹泻的发病率和严重程度可能更高，这是由于引进的新猪可能携带有新的轮状病毒血清型，而当地猪群对此几乎没有，甚至完全没有免疫力。如果大多数母猪没有乳源性抗体，轮状病毒腹泻可能在仔猪出生后不久发生。

类似的情况也会发生在新建的养殖场，因为新场中的母猪几乎都是第一次生育。

2.2.2 病理变化

死猪出现脱水。胃内可能充满干酪状凝乳或含有乳汁。小肠肠壁呈半透明状。可通过肉眼、放大镜、解剖显微镜观察到小肠绒毛缩短。

2.2.3 诊断

7日龄以上断奶前仔猪发生腹泻应怀疑轮状病毒腹泻的可能。应在腹泻发生后24h内，取肠段组织、粪便涂片或粪便样本进行化验诊断。检测腹泻粪便的pH是有用的，因吸收不良而引起的病毒性腹泻，腹泻物的pH呈酸性。对几个部位的小肠绒毛黏膜进行组织学检查，如果发现绒毛萎缩，就可以做出轮状病毒感染的推定诊断。电子显微镜检查肠道或粪便内容物中是否存在具有特征性形态的病毒颗粒，是诊断轮状病毒感染的可靠方法（但并不普遍适用）。还有其他方法（免疫荧光法、ELISA）可用于检测小肠轮状病毒抗原。值得注意的是，轮状病毒或轮状病毒抗原的存在并不一定证明轮状病毒是引起腹泻的原因，病史、临床表现和其他流行病学因素也应与轮状病毒感染一致。

2.2.4 治疗和控制

治疗轮状病毒腹泻的主要目的是利用水或电解质溶液纠正脱水和酸碱失衡。

尽管化学消毒可能不能预防感染，但对分娩栏消毒可以减少病毒的数量。建议使用的消毒剂有甲醛（3.7%）、氯胺T（67%）或氯制剂等。分娩栏应在使用前空置1周左右。

在一些国家有改良的活疫苗。然而，没有确切的证据证实它们的功效。母猪在分娩前接种疫苗的目的是产生高水平的母源抗体，从而通过乳源免疫来保护仔猪。

然而，由于几乎所有的经产母猪都有乳源抗体，因此有人对常规的母猪疫苗接种产生了怀疑。初产母猪可能有较低的乳源性免疫力。初产母猪在怀孕期间感染轮状病毒会提高乳汁中的抗体水平。可以尝试把仔猪的腹泻粪便喂给怀孕的初产母猪。

建议采用抗菌疗法防止继发性细菌感染。

2.3 猪球虫病

猪肠道球虫病是由猪等孢球虫引起的一种哺乳仔猪原虫病。对球虫引起疾病的严重程度一直存在争议。球虫一度被认为不具有致病性。已有关于多种猪球虫的报道，其中大多数被视为是非致病性的。艾美耳球虫最常见于成年猪。虽然有报道蒂氏艾美耳球虫（*Eimeria debliecki*）与仔猪的临床疾病有关，但目前已知的引起仔猪临床疾病的唯一重要致病球虫是猪等孢球虫。球虫呈世界性分布。实验条件下，哺乳仔猪感染大量的孢子化卵囊后，会出现明显的临床疾病。

艾美耳球虫常见于户外饲养的猪，而等孢子球虫属则更常见于圈养的猪，因为在圈养条件下，产房里的温度和湿度可能有利于孢子化卵囊的形成。卵囊具有很强的抵抗力。球虫病通常发生于 7 ~ 14 日龄仔猪。日龄较大的猪是携带者。

2.3.1 临床症状

球虫病是一种主要发生于 7 ~ 14 日龄仔猪的临床疾病。主要的临床症状是腹泻，持续 4 ~ 6d。粪便呈液状或糊状，颜色从黄色到白色不等。在自限性腹泻的病例中，主要的临床症状是消瘦和发育迟缓。严重感染的猪可能会死亡。虽然发病率通常很高，但死亡率不定。这种死亡率的变化可能是由于所摄入的孢子化卵囊数量的不同、环境的差异以及其他共存疾病的影响。实验性感染超过20万个卵囊的仔猪发病严重。感染较少的卵囊时仔猪出现腹泻，死亡数很少或没有死亡。

2.3.2 病理变化

眼观病变局限于空肠和回肠。特征性表现为黄色纤维素性坏死性假膜松散地黏附在充血的黏膜上。然而，这仅出现在严重感染猪。组织学病变包括绒毛萎缩、绒毛顶端溃疡和坏死以及上皮细胞内生性球虫的存在。

2.3.3 诊断

7 ~ 14 日龄的哺乳仔猪腹泻，可怀疑为球虫病。根据发病年龄，主要与轮状病毒腹泻进行鉴别诊断。应在腹泻发生后 2 ~ 3d 收集粪便样本。在粪便中可以发现球虫卵囊的存在。但是，由于正常猪可能会排出非致病球虫的卵囊，因此对结果的解释应该谨慎。重要的是，要将卵囊鉴定为猪等孢球虫的卵囊，而猪等孢球虫是唯一已知的猪的致病球虫种类。通过组织学检查，或空肠和回肠的压片或涂片染色检查，发现病猪肠道内的内生性卵囊，可做出最终诊断。

2.3.4 治疗和控制

最近的研究表明，母猪不是球虫卵囊的重要来源，因此，在分娩前对母猪进行治疗效果不佳。预防性使用抗球虫药没有什么作用，因为有试验研究表明，目前已知的抗球虫药没有一种能有效预防猪球虫病。然而，由于仔猪的球虫病通常发生在 7 日龄左右，因此可以在预期的疫情暴发前几天对整窝仔猪进行治疗，建议用 10 ~ 20mg/kg 氨丙啉，口服 4 ~ 5d。然而，在一项试验研究中发现，氨丙啉也不能有效预防新生仔猪球虫病。给 4 ~ 6 日龄的仔猪口服托曲珠利似乎更有效。为了达到最好的效果，猪应该单头给药。其他抗球虫药（如莫能菌素）对仔猪球虫病没有明显疗效。

由于前一窝同栏猪可能是感染源，因

此，如果要切断球虫生活史，保持良好的卫生至关重要。连续分娩的集约化养猪场会导致卵囊的积累，而这些卵囊对普通的消毒剂有很强的抵抗力。用氨化合物、漂白剂（至少50%）或蒸汽消毒可以杀死卵囊。然而，在实践中，这是相当困难的，因为进行消毒之前，需要腾空整个产房。

尽可能保持分娩栏干燥很重要，因为球虫卵囊形成孢子需要一定的温度和湿度。

因此，控制仔猪球虫病的关键在于产房的卫生和消毒。

2.4 冠状病毒性胃肠炎

传染性胃肠炎（TGE）与猪流行性腹泻（PED）

冠状病毒引起的病毒性胃肠炎是由传染性胃肠炎病毒（TGEV）或猪流行性腹泻病毒（PEDV）引起的。因为这两种疾病在临床上几乎无法区分，所以我们将一起讨论。这两种疾病都是猪的高度传染性肠道疾病，其特征是大量腹泻，偶尔呕吐，不到2周龄的猪死亡率较高。两者都是由冠状病毒引起的，但它们在抗原性上彼此不同。

传染性胃肠炎（TGE）

美国、欧洲、加拿大等许多养猪国家或地区均有传染性胃肠炎的报道，一些亚洲国家或地区（马来西亚、菲律宾、韩国和中国台湾）也暴发了传染性胃肠炎。

许多东南亚国家出现传染性胃肠炎的流行，通常发生在自上述国家寒带地区的冬季引进猪之后。然而，到目前为止，所有的传染性胃肠炎的流行都是自限性的，可能是由于猪不是病毒的携带者，温暖的热带环境不利于这种热不稳定病毒的传播。综上所述，没有证据表明传染性胃肠炎在亚洲热带地区以地方性流行存在。

猪流行性腹泻（PED）

猪流行性腹泻在20世纪70年代初首次被临床确认，当时英国英格兰和比利时报道了类似传染性胃肠炎的急性腹泻的临床特征。在亚洲，猪流行性腹泻最早于20世纪90年代在日本、韩国、中国被发现。这些国家的冬天都很冷。事实上，虽然猪流行性腹泻在韩国全年都有发生，但冬季的发病率更高。1993年、1994年和1996年冬季，日本发生了严重的疫情。东南亚第一个出现猪流行性腹泻暴发的国家是马来西亚，于1994年7月开始，最后一例报告于12月。与以往的传染性胃肠炎的流行相似，这次猪流行性腹泻暴发只持续了几个月。这似乎符合亚洲热带地区冠状病毒性胃肠炎的模式。然而，自2003年以来，菲律宾暴发了广泛的猪流行性腹泻疫情。2007年，猪流行性腹泻的疫情蔓延到泰国和越南等亚洲热带地区。泰国研究人员的遗传进化分析研究表明，所有的猪流行性腹泻病毒毒株都与中国毒株高度相似。有争议的观点是，在农场中反复发生的疫情要么是由于病毒在环境中持续存在，要么是由病毒重新传入造成的新疫情导致的。似乎猪流行性腹泻仍可能在亚洲包括东南亚热带地区流行。在美国，猪流行性腹泻于2013年5月首次出现在艾奥瓦州，一年内传播到30个州。

在欧洲大部分地区，该病似乎不那么严重，主要局限于断奶猪和育肥猪。猪群存在地方流行性猪流行性腹泻，表现为在乳源性免疫消失和接触感染猪后出现猪流行性腹泻的临床症状。

2.4.1 流行病学和致病机制

几乎所有冠状病毒性胃肠炎的流行都发生在引进猪或邻近的猪场（距猪场仅一箭之遥）引进猪的1周内。这种疾病很快会传遍猪场。虽然污染媒介对于农场内的传播起着重要的作用，但猪本身仍然是病毒进入农场的最常见的来源。媒介（无论有无生命）在东南亚热带地区似乎不是很重要，因为即使是那些生物安全措施一般且距离暴发农场不足1km的农场，也可以幸免。传染性胃肠炎尤其如此。至于猪流行性腹泻，在急性暴发之后，更可能在农场保持地方流行性。这种情况更可能发生在冬季寒冷且大规模养猪的国家，如韩国、中国、日本。由于母猪群部分免疫，猪流行性腹泻容易呈地方流行性。虽然在寒冷的季节，猪流行性腹泻的发病率会升高，但即使在较温暖的夏季，韩国猪场发生地方流行性猪流行性腹泻也屡见不鲜。

病原为冠状病毒。感染通常通过摄入粪便发生。冠状病毒感染小肠的上皮细胞，特别是绒毛的顶端。成熟的吸收细胞迅速被破坏，导致它们被来自隐窝基底部的未成熟细胞所取代。这会导致严重的绒毛萎缩，尤其是空肠，而回肠的萎缩程度较轻。小肠上皮细胞的快速破坏导致小肠内酶活性的降低，从而破坏营养物质和电解质的消化和细胞运输，导致急性吸收困难综合征。未消化的乳糖使肠腔内渗透压升高，导致液体潴留，甚至使液体从体内组织排出，从而导致腹泻和脱水。与新生仔猪相比，较大日龄仔猪的死亡率较低，这是由于被感染的小肠上皮细胞的更新率不同导致的。据报道，正常情况下，3周龄猪小肠绒毛吸收细胞的更新速度是新生猪的3倍。

2.4.2 临床症状

在临床上，冠状病毒性胃肠炎有两种类型，即流行性和地方流行性。流行性的临床症状是最具特征性的。这种疾病的潜伏期很短，从18h到3d不等。正因为如此，流行型始于突然暴发的腹泻，在几天内迅速传播到所有年龄的猪。在寒冷的国家，冬季传播速度更快。

仔猪的腹泻物通常量大且呈水样，粪便中通常含有未消化的小块凝乳（图2.11）。气味很难闻。

3周龄以下的猪可能会呕吐。感染仔猪迅速脱水，并且主要因脱水而死亡（图2.12）。

图2.11 猪流行性腹泻暴发时农场内的一窝猪。注意：含未消化凝乳块的腹泻粪便。

图2.13 在猪流行性腹泻暴发时，所有年龄的猪都会出现腹泻，包括育肥猪。

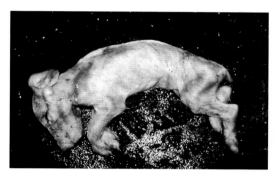

图2.12 患有急性冠状病毒性胃肠炎的仔猪经常死于快速脱水。

图2.14 暴发猪流行性腹泻疫情猪场的腹泻母猪。

不到1周龄的猪可能在2～4d内死亡。哺乳期的母猪病情严重，出现食欲不振和无乳症。年龄越小，病情越重。在传染性胃肠炎流行的猪场，1周龄以内的猪的死亡率几乎是100%，但随着日龄的增长而逐渐下降。3周龄以上的猪很少死亡。育肥猪和成年猪的临床症状仅限于腹泻（图2.13和图2.14）、食欲不振，偶尔呕吐。成年猪通常在1周左右康复。

虽然这两种疾病的临床特征非常相似，但不同之处在于猪流行性腹泻的传播速度较慢，不足1周龄的仔猪死亡率为50%～90%。这种疾病可在农场内传播4～5周，有时甚至更长。这两种疾

病都是自限性的，虽然传染性胃肠炎的暴发很少持续2个月以上，但是猪流行性腹泻可以在农场内持续长达6个月。

一些猪场，在疫情首次暴发的几个月后，断奶仔猪可能会出现急性腹泻。这些易感猪是由具有免疫力的母猪产下的，出生初期，母猪乳汁中的抗体可以保护它们不受感染，但仔猪断奶后，接触病毒时，就会出现临床症状。在断奶后出现这种疾病表明该病毒仍然存在于该农场的环境中，并且有使这种疾病变成地方流行性的风险。

虽然6日龄的仔猪也可感染，但是当该病呈地方流行性时，发病主要见于

断奶后，临床症状与流行性的易感猪相似，但没有后者严重。仔猪的死亡率通常为10%～20%。临床症状可能与轮状病毒最常引起的"白痢"相似。

2.4.3 病理变化

从总体上看，感染仔猪出现严重脱水。胃因凝乳而扩张（图2.15），小肠因黄色或绿色的泡沫状液体而膨胀，经常含有未消化的凝乳块。肠壁很薄，几乎透明，可能是由于绒毛萎缩所致（图2.16）。

图2.15 猪流行性腹泻暴发期间，3只死于脱水的仔猪胃里有未消化的凝乳块。

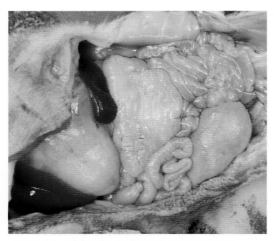

图2.16 猪流行性腹泻病猪肠壁薄而透明。

空肠和回肠（十二指肠前10cm远端）的绒毛萎缩是一种非常明显的病变，可在解剖显微镜或放大镜下观察到。然而，这也见于轮状病毒腹泻，但后者通常不像传染性胃肠炎或猪流行性腹泻那样严重和广泛。

组织学病变主要局限于小肠，主要包括黏膜上皮细胞类型的改变和绒毛萎缩，其程度可通过绒毛-隐窝比值的改变来判断。

2.4.4 诊断

因为在已知的猪病中，没有其他可同时引起所有年龄的猪出现大量腹泻的情况，所以冠状病毒性胃肠炎暴发的诊断非常容易。但临床区分猪流行性腹泻和传染性胃肠炎几乎是不可能的。一些细微的区别是，猪流行性腹泻的死亡率较低，而且该病在猪群中的传播速度较慢。1994年在马来西亚暴发的疾病被怀疑是猪流行性腹泻的原因是，几乎所有养殖户一致认为此次疫情与之前70年代暴发的传染性胃肠炎在死亡率和传播速度方面不同。

当该病发生在曾感染过的猪群（如猪群曾发生过地方流行性传染性胃肠炎或猪流行性腹泻）中时，诊断可能会很困难。发病形式可能类似于轮状病毒腹泻或大肠杆菌病。

实验室诊断

从临床兽医的角度来看，除非正在计划通过接种疫苗进行控制，否则实验室确认疾病是否为传染性胃肠炎或猪流行性腹泻可能并不重要，因为对这两种疾病的控制措施基本上是相同的，不能因实验室确诊耽误时间。诊断试验的适宜性取决于可用的诊断设备。简言之，诊断方法常基于：①通过直接或间接免疫荧光或免疫过氧化酶技术检测病毒抗原；②通过负差电子显微镜或免疫电子显微镜检测感染猪粪便中的病毒粒子；③病毒的分离和鉴定；④通过核酸探针杂交技术检测病毒核酸；⑤通过血清中和试验、ELISA和免疫扩散试验检测康复猪的血清抗体。

最实用的方法是直接在冰冻切片上采用免疫荧光法检测病毒抗原。最好的样本是处于腹泻早期阶段的活仔猪。如果在农场进行尸检，应该采集猪小肠并用冰保存在容器中。病毒的分离和鉴定诊断并不方便。在感染仔猪的粪便中，用电子显微镜可以很容易地检测到冠状病毒颗粒（图2.17），但这并不能区分传染性胃肠炎病毒和猪流行性腹泻病毒。

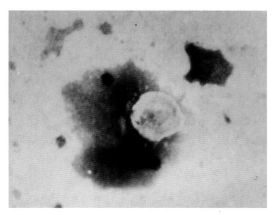

图2.17 电子显微镜观察来自猪流行性腹泻仔猪小肠内容物的冠状病毒。电子显微镜不能区分传染性胃肠炎和猪流行性腹泻病毒。

为了鉴定猪群中是否存在地方流行性传染性胃肠炎或猪流行性腹泻，应该对2～6月龄猪的血清样本进行检测。

2.4.5 治疗

仅能采取支持疗法，即补充营养、纠正脱水和酸中毒。腹腔内注射补液、电解质和营养物质可以降低仔猪的死亡率。根据农场的大小和传播的速度，这种方法不一定可行。为口渴的感染仔猪提供温暖、干燥的环境和大量的饮用水或电解质溶液，可以降低死亡率。一些农场把感染的仔猪寄养给具有免疫力的母猪。有时候，可使用抗生素预防细菌继发感染。

在疫情暴发期间，母猪应在产仔前2周口服感染来自腹泻早期仔猪肠道内容物中的病毒，从而在分娩时具有免疫力。常见错误做法是直接取用刚死或濒死仔猪的肠道内容物。正确的操作是将小肠内容物浸泡后加入妊娠栏妊娠母猪的饮用水中。被感染的母猪会在几天内出现腹泻症状。如果母猪在1周内没有出现症状，就可以认为该措施失败。因此，必须重复这一程序。建议把将在2周内分娩的母猪移至单独场所，并隔离饲养至少至分娩后3周。但此法通常不实用，因为农场很少有用于隔离阻断传染性胃肠炎病毒和猪流行性腹泻炎病毒等病毒的"单独场所"。

2.4.6 预防

理论上认为亚洲热带地区预防此类

疾病相对简单，基于三个原因：①尚无已知带毒猪存在；②感染猪排毒不超过3周；③病毒热不稳定，不能在猪体外长期存活，热带环境中尤其如此。然而，许多东南亚国家经常进口种猪，且通常是在没有隔离的情况下，所以这些国家经常面临冠状病毒性胃肠炎暴发的风险。如果非流行性国家的猪场暴发该病，病毒应是通过近期进口疫源国近3周内感染猪到猪场引入的。因此，防止传染性胃肠炎（也可能是猪流行性腹泻）进入该国的最简单方法是将所有引进猪隔离至少4周。经验表明，亚洲热带地区的传染性胃肠炎疫情往往与冬季从疫源国进口猪有关。因此，至少，亚洲热带地区的国家应避免在此期间进口猪。此建议也适用于猪流行性腹泻的预防。

在农场一级，最基本的防控措施是防止病毒进入猪群。病毒进入猪场最重要的途径之一就是通过引入感染猪。所有新进场猪均应检测呈血清学阴性及/或隔离2～4周。因为病毒不耐热，所以在亚洲热带地区隔离措施更重要。所有不必要的访客或可能被污染的车辆，如饲料车，都不允许进入易感猪群舍。穿行于农场之间的屠夫和赶猪人是重要风险因素，特别是在猪饲养密度大的区域。其他动物如狐狸和犬也可能在农场间传播传染性胃肠炎。猪流行性腹泻病毒可以随公猪精液排出。然而，这种传播方法的重要性是未知的。病毒通过飞虫和鸟类在农场间传播的可能性也不得而知。

有人对以空气传播作为一种潜在传播途径的可能性提出了疑问。

猪流行性腹泻活疫苗和灭活疫苗都可以在市场上买到。怀孕母猪注射灭活疫苗后，显然对新生仔猪有一定的保护作用。然而，大多数仔猪仍然会发生腹泻，尽管不那么严重。母猪注射灭活疫苗可产生全身性抗体，即IgG。这些抗体被分泌到初乳中，被仔猪的肠道吸收进入血液。除了新生仔猪期，这些全身性抗体在很大程度上无法保护仔猪小肠黏膜免受猪流行性腹泻病毒的感染。母猪口服感染仔猪肠道活病毒更有效，因为这会促使母猪初乳中IgG的产生，常乳中IgA的产生。保护仔猪不被感染，主要是由于乳源性免疫（即乳汁中的IgA）作用的发挥。从理论上讲，母猪口服活疫苗应该是有效的。然而，根据实地报告，大多数农场似乎对目前无论是猪流行性腹泻灭活疫苗还是活疫苗都不太满意。

2.5 梭菌性肠炎

与仔猪腹泻相关的梭状芽孢杆菌主要是C型产气荚膜梭状芽孢杆菌。在东南亚，相比其他传染性的仔猪腹泻，梭菌性肠炎相对罕见。亚洲养猪场确诊的梭菌性肠炎病例也很罕见。

梭菌性肠炎主要发生于出生不到1周龄的未免疫仔猪，其他年龄猪的发病情况相对少见。据报道，将无免疫力的母猪引进感染农场后会发病。仔猪如果没有摄入足够的初乳，或在摄入初乳之前已经感染，可能会出现严重的且致命的坏死性肠炎。典型的临床症状通常出现在7日龄以内的仔猪，一般在1~3日龄。

仔猪可被存在于母猪粪便中的细菌感染，并且仔猪之间也会相互传染。因为芽孢具有很强的抵抗力，所以这种细菌或其芽孢也可能从污染的环境中获得。

2.5.1 临床症状

通常该病发生较早，从仔猪出生的前3d就开始。一些仔猪会死亡，而一些仔猪则会出现血便，后躯沾污。感染仔猪会变得非常虚弱、嗜睡，可能会被母猪压死。腹泻粪便有很重的臭味，呈浅红棕色，通常含有坏死的肠黏膜碎片。

2.5.2 病理变化

尸检最具特征性的病变是严重的小肠出血，颜色从红色到黑色不等（图2.18），肠壁可能存在气泡（图2.19）。

图2.18 产气荚膜梭状芽孢杆菌引起的出血性肠炎。感染区域呈现红色至近黑色。注意脐带残留处。

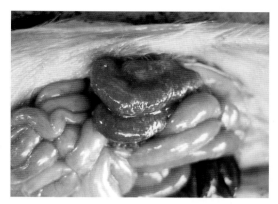

图2.19 空肠部分出血、坏死及空肠壁内气泡的特写。

2.5.3 诊断

基于临床症状和死后的特征病变进行诊断。对于实验室诊断，样本必须取自活仔猪，因为猪死后会迅速发生尸变和梭状芽孢杆菌的增殖。通过分离C型产气荚膜梭状芽孢杆菌进行诊断，效果差强人意，因为梭状芽孢杆菌常伴有其他肠道致病菌的继发性感染。

2.5.4 治疗和控制

治疗往往是徒劳的，因为一旦出现临床症状，仔猪很可能会死亡，即使存活也会出现生长停滞。

在疫情暴发时，推荐给0~3日龄仔猪口服阿莫西林，进行战略性预防。

对于发生地方流行性梭菌性肠炎的农场，建议将母猪的疫苗接种作为一项长期措施。然而，关于该病在东南亚的发病率仍有许多未知之处。

2.6 缺铁性贫血

缺铁性贫血又称仔猪贫血，是一种血红蛋白过少、小红细胞性贫血，常见于饲养在混凝土圈舍里生长快速、不补铁的仔猪。这种疾病在现代化畜牧生产条件下很少见。

新生仔猪有足够的血红蛋白水平，但肝脏铁元素储备是有限的。在出生后的最初4周，仔猪的体重可能会增加5倍。在此期间，每日所需的铁量为15mg，但1L的母乳只能供应约1mg。给母猪口服或注射铁制剂不会增加乳汁中的铁含量。在室外饲养的仔猪可从土壤中获取剩余需要的铁元素。当猪被饲养在混凝土地面的圈舍内时，对铁的需求超过了供应，就会贫血。仔猪3～4周龄时，血液中的血红蛋白水平可能降至每百毫升3～5g，这时才会表现苍白。若补给教槽料，血液中的血红蛋白水平通常又开始上升。但是常因为仔猪摄入的教槽料不足，所以不能提供足够的铁来防止贫血，仅会使贫血变得不那么明显。仔猪可能看起来不苍白，但它的血红蛋白水平低于正常水平。

2.6.1 临床症状

临床症状最常见于3周龄左右的仔猪。贫血白猪耳郭和鼻镜苍白，很容易发现（图2.20）。

受影响的猪虽然生长速度减慢，但可能显得丰满（图2.20）。更常见的是猪只瘦削、苍白、毛燥，常发生腹泻。患猪很容易因运动或兴奋而筋疲力尽，有些猪可能会猝死。患猪可能出现大量水样腹泻。同窝缺铁仔猪并不都会表现出临床症状。

图2.20　一窝有贫血迹象的3周龄仔猪，表现为耳朵和鼻镜苍白。贫血的小猪会显得胖乎乎的。这个问题是在一位农民被一位销售母猪口服铁制剂的人员说服后发生的，他认为给哺乳期的母猪口服铁制剂将使仔猪不再需要注射铁制剂。

2.6.2 诊断

通常通过缺铁的临床症状和病史足以做出可靠的诊断。基本没有必要检查血红蛋白水平，注射铁制剂的疗效足以证明。当注射铁制剂无效时，应考虑猪支原体感染（旧称附红细胞体病）。

2.6.3 治疗和控制

常用预防方法是在仔猪3日龄时注射复合右旋糖苷铁。由于不同的制剂含铁量可能不同，因此应遵循制造商的建议。单支剂量（通常为2mL）应含有200mg的铁元素。也可以口服铁制剂，但这可能不是很方便，且需要每隔几天重复给药。此外，个别仔猪在利用口服铁的能力上似乎存在一些差异。

3 哺乳仔猪神经系统疾病

3.1 新生仔猪低血糖

严格来说，新生仔猪低血糖不是一个独立病种。它是一种新生仔猪由于饥饿导致的神经症状，可因低环境温度和感染等因素恶化，无论导致仔猪饥饿的原因为何，低血糖都是一种常见的结果。

低血糖的主要原因是母乳摄入不足。任何可导致母猪泌乳不足（例如：无乳症、乳房炎、全身性疾病或行为问题）或仔猪无法吃乳（例如：感染、体弱、瘸腿）的因素均会导致饥饿和低血糖。

新生仔猪依赖碳水化合物的代谢得以生存。肝糖原所提供的能量仅够维持仔猪出生后最初的 $15 \sim 20h$ 的能量需求。新生仔猪的营养来源，除了储存在肝脏的肝糖原，就是母猪的乳汁。直至 7 日龄前，仔猪机体的葡萄糖异生作用均无法满足其能量需求。若乳汁摄入不足，则糖原消耗非常迅速。新生仔猪每小时吃乳一次以获得充足的碳水化合物。若新生仔猪无法获得母乳，血液葡萄糖浓度会逐步下降，当血糖浓度下降到 50mg/dL 时即会出现临床症状。受凉会加速这一症状，因为受凉的仔猪需要产生更多的热量来维持体温。

3.1.1 临床症状

1 周龄内的仔猪更容易受低血糖的影响。低血糖仔猪会漫无目的地跌跌撞撞地行走，经常到处磕磕碰碰。随后，跌倒的仔猪尝试用鼻子顶在地面上将身体支撑起来。情况严重的仔猪会趴在地面上。最后，这些仔猪会侧躺，前肢划水样抽搐、颤抖并发出微弱的尖叫。此类仔猪更容易被压死。它们的心率也会非常慢，体温低于常温。通常在临床症状出现 $24 \sim 36h$ 后死亡。

3.1.2 治疗

应每 $4 \sim 6h$ 对低血糖仔猪腹腔内注射 15mL 的 5% 葡萄糖溶液，并维持最低 $30 \sim 35℃$ 的环境温度。如果母猪无法哺育这些仔猪，则应该饲喂母猪代乳粉。

3.2 先天性震颤（"先天性肌阵挛""抖抖病""跳舞猪"）

先天性震颤是一种新生仔猪的以骨骼肌非自主性颤抖为特征的疾病。发病仔猪常因此临床症状被称为"跳舞猪"。至少有 2 种感染性因素、2 种遗传因素和 1 种有机磷致畸性因素可导致此症状。在所有的诱发先天性震颤的因素中，以髓磷脂缺乏最常见。

3.2.1 AI型先天性震颤

此类震颤是由于经典猪瘟野毒株或致弱不彻底的疫苗毒株导致的跨胎盘感染引起的。以发育不良、分化不全和小脑皮质发育不良为特征。1窝中很高比率的仔猪（大于40%）会受到影响。受影响的仔猪呈现出不同程度的肌肉颤抖、共济失调和无法站立或吮乳。将其扶起后，仔猪又会瘫倒在地。即使2～3周后还存活，仍可见震颤。

3.2.2 AII型先天性震颤

此类震颤与一种尚未被鉴定的病毒（称为先天性震颤病毒）感染有关。母猪在妊娠阶段被此病毒感染，其仔猪在出生时会呈现临床症状。本病的暴发常与新购种猪有关。后备母猪所产仔猪受影响往往更为严重。仔猪出生后即可见震颤症状。该窝内大多猪会受影响。不同窝之间严重程度不同。似乎当休息时，仔猪的肌肉收缩会消失。震颤会随时间推移而减弱。大多数受影响仔猪会到4周龄时康复。一些猪到数月龄还会有轻微可见的震颤。该病的死亡率低，这种低死亡率是与AI型先天性震颤重要的不同点。死亡的原因，通常是由于饥饿或被母猪压死。相同母猪之后胎次所产的仔猪不会继续发生此类症状。因此，没有必须淘汰发病仔猪的母猪。

3.2.3 AIII型先天性震颤

该症状见于新生长白公猪。当仔猪睡眠时，震颤暂时停止。当受到寒冷应激时，震颤会加重。该症状受一个伴性隐性基因调控，它会导致寡树突胶质细胞缺乏，从而导致无法合成中枢神经系统的神经纤维髓鞘。相同母猪之后胎次所产仔猪会持续发生此类症状。窝发病率低，但其中约25%的仔猪会呈现临床症状。养猪生产者应确保母猪不与同一头公猪再次配种。

3.2.4 AIV型先天性震颤

此症状是由英国马鞍猪体内一种常染色体阴性基因引起的。神经髓鞘发育不良且发生脱髓鞘化，呈现严重的髓磷脂酸缺乏。此症状并不常见。

3.2.5 AV型先天性震颤

此症状与妊娠45～75d的母猪使用了敌百虫治疗疥螨有关。受影响窝中90%～100%的新生仔猪会出现规律性震颤，可能行走蹒跚并吮吸困难。死亡率高。症状暴发可能持续1个月，但若持续使用敌百虫治疗疥螨，症状可能持续更长时间。此类震颤的特征为小脑发育不全、脊髓发育不全且受影响部位髓磷脂缺乏，故与AI型震颤类似。

3.2.6 先天性震颤的诊断

仔细回顾病史有助于鉴别诊断不同

类型的先天性震颤。AI型震颤中，受影响窝发病率和致死率为中等到高。AⅡ型震颤中，一窝内发病率可能较高，但死亡率低。在所有类型的先天性震颤中，除AⅡ型之外，死亡率均较高。AⅢ型，仅有雄性长白仔猪受影响。受影响的猪的品种（英国马鞍猪）以及受影响的窝比率（大约25%）可提示为AⅣ型震颤。在AⅤ型中，妊娠母猪使用过敌百虫的历史有助于诊断。

3.3 奥叶基氏病（猪伪狂犬病）

奥叶基氏病（AD）是由一种主要感染猪的疱疹病毒所引起的，特征性临床症状随猪日龄的不同而各异。本病常被称为猪伪狂犬病。

尽管认为猪是该病毒的天然宿主，但其他哺乳动物也可感染。该病对绵羊、山羊、牛、猫和犬是致死性的。尽管其他传播途径也有可能，但主要的传播方式是通过带毒猪传播到猪场内。有报道称康复的动物会持续发生潜伏期感染。尽管大多数的疾病暴发与感染或带毒猪引入有关，也有一些案例中猪场并未引进任何新猪群。

某地区的猪伪狂犬病传播速度在某种程度上与猪场的位置有关，特别是在一些猪群密度高，猪场彼此相邻，无任何物理屏障或无任何对猪和人员流动限制的区域。从疾病流行的角度看，这些猪场可被认为是一个大型猪群（虽然有很多不同的猪场老板）。除了猪，此病对于大多数哺乳动物都是致命的，很庆幸人类（以及一些灵长类动物，如大猩猩）对该病原不易感。尽管从猪场工作人员和临床兽医的暴露经历来看，人类对于此病毒应该不易感，但在处理该病毒时应谨慎小心。

3.3.1 临床症状

经典症状：当一个易感猪群（如阴性群且未免疫猪群）暴发猪伪狂犬病时，主要临床表现是哺乳仔猪死亡率高（图3.1）。

图3.1 从猪伪狂犬病暴发猪场收集的死亡仔猪。急性暴发期的主要临床表现为新生仔猪的死亡率接近100%。

感染猪的临床症状因日龄的不同而各异。对于哺乳仔猪而言，新生仔猪的死亡率可达100%，4周龄仔猪死亡率为40%～60%。

断奶猪和育肥猪的临床症状要轻一些，死亡率约15%或更低。该病在成年猪引起的临床症状轻微。死亡率最高的情况见于感染母猪所产的仔猪。

仔猪会出现呼吸困难、结膜炎（图3.2）、唾液过多（图3.3）、呕吐、厌食、腹泻、颤抖和精神沉郁，伴随共济失调、眼球震颤、四肢划水、跑步动作、间歇性痉挛、休克和死亡。一旦出现临床症状，病程一般非常短，仅24～48h。

图3.4　急性伪狂犬病仔猪被毛蓬松。这是由于立毛作用引起的。无结膜炎迹象。

图3.2　患猪伪狂犬病的哺乳仔猪呈现结膜炎症状。

图3.3　感染仔猪痉挛、死亡且口吐白沫。

该病呈现出有趣的特征性表现——立毛，使感染猪被毛显得蓬松（图3.4）。另一个有趣但罕见的损伤是鼻有溃疡（图3.5），与人单纯疱疹病毒感染而产生的"冻疮"相似。溃疡也可见于口腔黏膜。

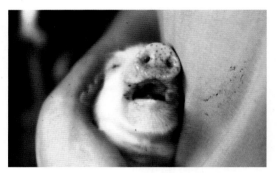

图3.5　一头哺乳仔猪吻突和上腭有疮。对于猪伪狂犬病，这是一种很有意思，但罕见的临床症状。

对于断奶猪而言，临床症状与哺乳仔猪相似，但严重程度要轻，病程更长。部分断奶猪会出现神经症状。1～3月龄的猪常见临床症状有厌食、发热和呼吸症状（如打喷嚏、咳嗽和呼吸障碍）。其他症状包括便秘和精神沉郁。大多数病例会在4～5d后康复。有时见有出现神经症状的猪死亡，但在断奶猪中属罕见现象。生长育肥猪的临床症状与上述类似，但以呼吸障碍为主。此日龄段，生长滞后较常见，死亡率一般低于3%。然而，当与其他细菌性肺炎混合感染时，死亡率会更高。成年猪一般不会死于该病。临床上最早被观察到的临床症状为打喷嚏，继而出现咳嗽、流涎症、厌食、便秘及精神沉郁，症状可能在4~5d后消失。神经症状较罕见。

暴发期间，流产、新生浸溶胎儿或死胎会增多。木乃伊胎大小均一，表明死亡发生在妊娠同一时间。

疫情期间，猪场的猫和犬死亡或消失为典型现象。

非典型综合征：该综合征由典型症状发展而来，即地方性猪伪狂犬病，不易识别。急性暴发之后，多数母猪会被感染。康复（或免疫）母猪所产的仔猪由于母源抗体的保护很有可能存活下来。当断奶猪母源抗体消失时（10~16周龄），猪易被感染，但死亡率低。猪易出现咳嗽，且可能出现高热，采食量也会受到不同程度的影响。此阶段，猪对其他疾病更易感，特别是呼吸道疾病。这会导致猪慢性或渐进性生长延缓。猪场人员可能未意识到此综合征是由猪伪狂犬病引起的，因为他的经验告诉他发生猪伪狂犬病时通常仔猪死亡率会很高。地方性流行猪伪狂犬病通常发生在仅免疫母猪而不免疫育肥猪的猪场。通常认为猪伪狂犬病会导致猪易患严重的细菌性肺炎。

若猪场暴发猪伪狂犬病后2年内未再进行疫苗免疫，则猪场可能会出现零星的典型临床症状。乍一看似乎不像猪伪狂犬病，因为只有几窝仔猪受影响，仔细分析就能够发现猪场已经

很久没有群体免疫猪伪狂犬病疫苗了，且低胎龄母猪所产的仔猪死亡率很高。这些低胎龄母猪之前未被感染过（例如，首次暴发疫情时，这些母猪尚未出生或是在疫情暴发之后很久才购买了这些母猪）。

第一次暴发3年后，若猪场停止免疫猪伪狂犬病疫苗，则猪场很可能再暴发一次如同第一次那样的疫情，因为当年的母猪基本都被更新掉了。也许因为暴发后疫情似乎得到了控制，猪场停止了猪群的伪狂犬病疫苗免疫。

3.3.2 病理变化

该病特征性的眼观病变很少。在低日龄仔猪，常可见到角膜结膜炎。剖检具有神经症状的猪后，可能观察到明显的脑膜充血。有时可见到坏死性扁桃体炎（图3.6）。头部淋巴结可能肿大、出血，但这些病变可能不显著。

图3.6　伪狂犬病仔猪可能出现扁桃体炎。然而，在田间并非总能够观察到此类病变。当需要采集实验室样本时，扁桃体是很好的选择。

可在新生仔猪和流产胎儿的肝脏和脾脏浆膜表面观察到小型（直径2～3mm）、白色至黄色的坏死灶（图3.7）。这种病变有时可在有肺炎眼观病变的肺脏上观察到。这类坏死性病灶是疱疹病毒感染的典型特征。基于特征性的病史、临床症状和上述坏死性病灶，可从临床上诊断为猪伪狂犬病。日龄稍大的猪很少出现此类眼观病变。

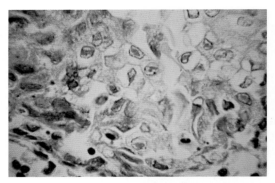

图3.8 细胞内包涵体如同不规则的嗜酸性物质，有透明圈或"空洞"将其与细胞核膜分开。此类损伤，尽管为猪伪狂犬病的典型特征，但只有在仔细观察之后才可发现。

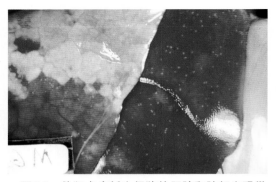

图3.7 伪狂犬病新生仔猪的肝脏和肺部出现微小的白色至黄色病灶。低日龄仔猪或流产胎儿的肝脏、脾脏或肺脏上的此类病变为猪伪狂犬病的典型表现。

组织病理损伤主要集中在中枢神经系统，包括弥漫性非化脓性脑膜脑脊髓炎和神经节神经炎。病理上会出现典型的单核细胞和少量粒细胞的血管套现象，弥漫性和局灶性胶质增生与神经元和胶质细胞坏死有关。此类病变在大脑更为突出。可能会出现典型的细胞内包涵体（图3.8）。此类包涵体可能在大脑、扁桃体、淋巴结和肠道细胞中发现。然而，此类包涵体的诊断价值受限于需要仔细观察才能够发现。

3.3.3 诊断

急性暴发的猪伪狂犬病是最容易诊断的疾病之一。当养猪生产者发现低日龄哺乳仔猪死亡率高达100%，且猪场的犬、猫死亡或消失时，便可推测猪场可能发生了猪伪狂犬病。当猪出现典型的临床症状时，通常不需要通过实验室检测就可确诊。

一般，根据典型的临床症状、眼观病变和组织病变足以确诊。然而，在地方性流行的群体中确诊此病比较艰难。在地方性流行的猪场，低胎龄无免疫力母猪所产的仔猪会偶尔暴发此病。当猪场免疫程序不恰当时可能出现这种情况。地方性流行的猪群发生此病时，需要通过实验室检测进行确诊。有多种检测方法可用于猪伪狂犬病的实验室诊断。最简单、实用的方法是，采集发病仔猪的扁桃体和大脑样本，送到实验室进行荧光抗体检测或病毒分离鉴定。荧光抗体检测简单、快速、准确，是一种较好的检测手段（当仔猪发病时）（图3.9）。

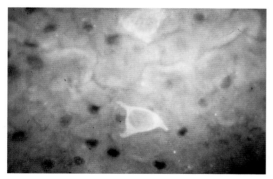

图3.9 伪狂犬病仔猪大脑的免疫荧光检测结果。荧光抗体检测时宜选用扁桃体和大脑样本。

然而，大猪发生地方流行性感染时，最好从脑部分离病毒。当无法找到可用于分离病毒的实验室时，根据病毒性脑膜炎的组织病理病变，结合典型的临床症状应足以确诊猪伪狂犬病。利用感染仔猪的大脑匀浆上清液注射到实验动物（如兔）体内，可导致兔子在3d内死亡，也是一种诊断方法。然而，对于已经呈现临床症状的病例而言，此方法除不人道外，也非常没有必要。

3.3.4 血清学普查

对于地方流行性猪伪狂犬病猪场，通过鉴别ELISA对猪群进行血清学普查，有助于确认猪伪狂犬病在猪群中的感染状态。商业化检测试剂盒可区别猪群的免疫抗体和野毒感染抗体。然而，ELISA检测仅适用于对群体的检测，而非单头猪的诊断。

对于未免疫猪群，需要同时对种猪群和育肥猪群进行糖蛋白E（gE）抗体检测。（糖蛋白E此前被称为免疫糖蛋白1或Gp1）。种猪群检测阳性不一

定意味着猪群在临床上会表现猪伪狂犬病症状，特别是当育肥猪群为阴性时。需要对16周龄以上的育肥猪群进行gE抗体的检测。16周龄以下的猪出现ELISA抗体阳性时可能是母源抗体，因此难以辨别。

一项横断面研究提示，当猪场使用基因缺失标记疫苗时，应对育肥猪群10～20周龄的猪每隔2～4周采样一次，检测gE抗体和筛选抗体（gB）。应首先检测20周龄及以上猪的样本。如果这些样本的gE抗体为阴性而筛选抗体（gB）为阳性，则无须检测其他样本，因为这表明该猪群的免疫程序很有可能是正确的。此类血清学普查每年应执行2次。

3.3.5 控制

在地方性流行的国家，有效控制猪伪狂犬病的方法是疫苗接种（如基因缺失标记疫苗）。这种疫苗接种结合ELISA鉴别诊断的策略，可使地方性流行的猪群净化猪伪狂犬病。基因缺失标记疫苗株要么是基因工程敲除非必要的糖蛋白gE基因的毒株，要么是天然gE基因缺失的毒株（Bartha毒株）。尽管免疫不能阻止感染，但可提高感染所需的病毒剂量并且减少病毒的排放。同时可阻止或降低感染猪成为病毒携带者的概率。

3.3.5.1 种猪群（母猪）免疫方案

基础免疫：整个种猪群使用灭活疫苗或减毒活疫苗免疫2次，间隔3～4周。

加强免疫：所有的母猪产前 2 ~ 3 周均需再次免疫（表3.1）。这种加强免疫会使初乳中维持高水平的抗体。被动获得性免疫抗体能够给哺乳仔猪提供保护。

应遵守疫苗说明书的操作要求。

3.3.5.2 育肥猪群免疫方案

对于育肥猪群，应使用减毒活疫苗在 10 ~ 12 周龄和 14 ~ 16 周龄进行免疫。当定期进行血清学普查时，可确认母源抗体的持续时间，此时，猪群可只免疫 1 次。当未进行血清学普查时，建议免疫 2 次（表3.1）。

表3.1　建议的猪伪狂犬病免疫程序

免疫程序	
母猪	基础免疫：2 次免疫，间隔 3 ~ 4 周； 加强免疫：产前 2 ~ 3 周
育肥猪	已知猪群为猪伪狂犬病阴性：至少在 10 周龄时免疫 1 次（最低要求）； 地方性流行猪群或感染状态未知：首次免疫 3 ~ 4 周之后进行第 2 次免疫（不晚于 16 周龄）

使用减毒活疫苗滴鼻免疫可避免母源抗体干扰，据报道此方案比肌内注射免疫更为有效。然而，滴鼻免疫在大型猪群因其耗费大量人力而缺乏可操作性。此外，因为一定比例的猪在滴鼻免疫后可能打喷嚏，而导致人们质疑部分猪是否得到了合理的免疫。当出现怀疑时，建议对滴鼻免疫的猪群在 14 ~ 16 周龄时进行第 2 次肌内注射免疫。但此种操作又让滴鼻免疫失去了原本的意义。

3.4 破伤风

破伤风病以随意肌不受控制地痉挛为特征，此种痉挛由深部感染的破伤风梭菌所产生的毒素引起。在多数案例中，受影响的为低日龄猪。常因阉割、耳缺伤口或脐带感染引起。

3.4.1 临床症状

病猪常侧躺且耳朵直立，头部微抬，前后肢向后僵直（图3.10）。突然的噪声或触碰会诱发破伤风性痉挛。

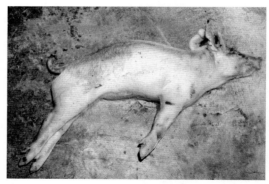

图 3.10　呈现典型破伤风感染姿势的仔猪。注意耳朵直立，四肢伸肌强直且后伸。

可基于典型的临床症状进行诊断。没有必要进行破伤风梭菌的分离鉴定。

3.4.2 治疗和控制

从经济角度看，治疗破伤风病猪毫无意义。此病通常散发且无须进行控制。然而，养猪生产者应注意保持猪场的卫生清洁，特别是在进行新生仔猪接产和阉割操作时。

3.5 猪捷申病毒性脑脊髓炎

　　猪捷申病毒性脑脊髓炎是由猪捷申病毒（PTV）引起的。之前PTV被归入肠病毒属，现被划分为捷申病毒属。猪捷申病毒有11种血清型（PTV1～PTV11）。重症捷申病毒性脑脊髓炎又称捷申病毒病，是由PTV-1引起的。

　　引起猪捷申病毒病的PTV高毒力毒株仅在欧洲中部以及非洲部分地区存在。由一种弱毒株引起的捷申病毒性脑脊髓炎，又称猪泰法病（Talfan），在西欧、北美和澳大利亚均有报道。

　　除脑脊髓炎和繁殖障碍之外，大多数感染猪捷申病毒的猪并无其他明显症状。

　　尽管猪捷申病毒无处不在，但由PTV-1引起的致死性疾病仅见于部分国家，主要在欧洲中部流行。PTV-1也包含部分毒力较弱的神经嗜性毒株。猪捷申病毒病尚未在亚洲报道过，因此应被列在仔猪神经系统疾病鉴别诊断的名单后段。现在该病的临床症状较罕见，自1980年后在西欧再无报道。

　　重症脑脊髓炎，所有日龄猪的主要表现均为高发病率和高死亡率的神经性疾病。轻症脑脊髓炎，又称猪泰法病（良性轻瘫），主要影响低日龄猪，发病率和死亡率相对较轻，神经症状极少导致完全瘫痪。

　　欧洲中部的某些国家免疫接种减毒活疫苗。目前，此病的轻症形式所造成的经济影响不值得免疫疫苗。若猪场存在该病毒，新引种的后备猪应经过一定时间的驯化，以便获得针对场内猪捷申病毒的主动免疫力。

3.6 链球菌性脑膜炎（见第6章）

4 断奶仔猪的腹泻

4.1 仔猪断奶后大肠杆菌病

仔猪断奶后大肠杆菌病，通常在仔猪断奶后4～5d内发生。有很多影响因素，诱发的因素包括环境变化引起的应激、断奶时抗体水平不一致的猪混合在一起、母源抗体的消失、转群、寒冷的环境、打架和接触不清洁的猪圈等。这些因素都会导致疾病的发生。

4.1.1 病原学和致病机制

与新生仔猪腹泻相比，断奶后腹泻相关的大肠杆菌的毒力因子并不那么明确。许多是产肠毒素大肠杆菌，具有F4（K88）或F18（原F107）黏附素。F4菌株在仔猪断奶后不久（3～5d）就会引起腹泻，而断奶后5～14d出现的腹泻似乎主要是由F18菌株引起的。目前，已从断奶仔猪中分离出产肠毒素大肠杆菌菌株。

猪可能被断奶栏环境中存在的致病性大肠杆菌感染。然而，仔猪也可能在产房感染。不同免疫状态仔猪的混合可能会导致一些存在抗体的仔猪成为易感仔猪的感染源。此外，一些仔猪可能受到母猪乳汁中存在的特定抗体的保护。断奶后，当母源抗体特别是IgA抗体不

再可用时，仔猪可能变得易感。这也许就是为什么该病经常在仔猪断奶后几天内表现出来的原因。

4.1.2 临床症状

仔猪断奶后大肠杆菌病的临床症状与断奶前新仔猪的症状相同，死亡率一般不高，但在某些情况下，发病率可能很高。腹泻通常是暂时的，在3～5d内结束，仔猪恢复正常。然而，在某些情况下，腹泻可能成为持续性的，并且在不良的饲养条件下可能导致仔猪出现脱水或败血症，甚至造成死亡。断奶后慢性肠炎可导致康复仔猪发生永久性发育不良。

4.1.3 治疗和控制

减少断奶期间的应激，确保栏舍清洁，保持适当的温度（即防止冷应激）和防止过度拥挤是有效的管理措施。虽然针对仔猪断奶后大肠杆菌病的疫苗接种似乎很有希望，但实际上这种方法并不十分成功。防止仔猪断奶后腹泻的其他措施包括在饮食中添加益生菌、抗生素和有机酸等成分。益生菌是近年来流行的活性微生物饲料添加剂。通常，在饲料中添加乳酸菌混合物预防断奶后腹

泻，但效果时好时坏。有人指出，益生菌可能只有在饲料中蛋白质和能量有限的情况下才有益。饲料中添加低水平的抗生素，可降低大肠杆菌在肠道中的繁殖数量。饲料中添加治疗性水平的抗生素，可作为疾病易感期的用药策略。如果是较严重的猪，应该先断料2d，然后通过饮水给药或注射给药。最困难的是确定最有效的抗生素剂量，这是因为抗生素的耐药性因农场而异，而且常常取决于抗生素的使用（或滥用）。另外，也可在疫情暴发后或风险期内于饲料中添加药物进行治疗，并应持续3～5周。连续使用单一的几种产品会引起抗生素耐药性，因此，建议轮换使用抗生素。治疗的同时采取卫生措施。

4.2 肠道沙门氏菌病

　　沙门氏菌病主要有2种临床表现型：败血性沙门氏菌病和或肠道沙门氏菌病。

　　败血性沙门氏菌病主要由霍乱沙门氏菌引起（见第6章），而肠道沙门氏菌病主要由鼠伤寒沙门氏菌引起。由其他血清型沙门氏菌引起的临床疾病并不常见。带菌猪可主动排出沙门氏菌，是主要传染源。猪饲料被鼠粪和鱼粉或粗粉中的鼠伤寒沙门氏菌污染的报道一直存在。由于沙门氏菌可以很容易地污染猪的饲料和饲料原料，猪通过摄食污染饲料而感染是有可能的。然而，没有临床病例证明这一传播途径。因此，沙门氏

菌的主要来源是外表健康的带菌猪。这种带菌猪可能在扁桃体、肠黏膜和肠系膜淋巴结中携带鼠伤寒沙门氏菌。当这些猪受到应激时，它们可能开始在粪便中连续或间歇地排出沙门氏菌。在应激因素下，并发疾病，特别是那些有全身性症状的疾病似乎更重要。当病猪开始在粪便中排出大量鼠伤寒沙门氏菌时，猪圈内的接触猪就暴露在高感染剂量的环境中。最常见的感染方式是摄入腹泻粪便（图4.1和图4.2）。

图4.1和图4.2　同圈易感猪舔食沙门氏菌病猪的腹泻粪便，是集约化养猪场的主要感染方式。

　　这种暴露和随后的临床疾病暴发主要发生在规模化养殖场的断奶仔猪和4月龄仔猪。导致肠道沙门氏菌病发展的其他重要因素包括过度拥挤，在引进下一批猪前猪舍没有空置足够时间并充分消毒，以及转群和混群。

临床疾病很少发生在成年猪或哺乳仔猪。

4.2.1 临床症状

以腹泻为主要特征的沙门氏菌病的暴发通常是由鼠伤寒沙门氏菌引起的。（霍乱沙门氏菌引起的疾病主要是败血性沙门氏菌病；腹泻发生在疾病后期。）这种疾病可能是急性的，也可能是慢性的。最初的症状是水样腹泻，腹泻物黄色，常伴有轻微绿色（图4.3）。这种情况通常会持续3～7d。腹泻猪会表现出紧张的迹象，如采取拱背的姿势（图4.4）。

图4.3 肠道沙门氏菌病的特征为全身性症状，包括发热和排出带绿色的水样、黄色腹泻粪便。这头猪将成为围栏内其他猪的感染源。

图4.4 因肠道沙门氏菌病而腹泻的猪拱背，这是典型的大肠腹泻病猪的姿势。请注意，慢性腹泻猪的状况不佳。

4.2.2 病理变化

腹泻会暂时停止几天，之后又复发，这种时断时续的腹泻可能持续数周，这是肠道沙门氏菌病的特征。感染猪的粪便中很少有血液和黏液。如果有血染的粪便和黏液存在，更有可能是猪痢疾。感染猪还会出现体温升高、食欲不振，以及根据腹泻的严重程度不同而表现出不同程度的脱水。少数猪可能死于脱水，但大多数猪会痊愈。痊愈的猪会携带细菌并持续排菌几个月。在慢性病例中，感染猪可能出现严重消瘦，生长发育迟缓，并可能出现间歇性发热。少数猪可能由于慢性便秘而发展为直肠狭窄和腹部膨胀（图4.5）。

图4.5 腹部极度膨胀的猪。这头猪已从慢性沙门氏菌病中康复，但直肠狭窄。

肠道沙门氏菌病的主要病变在结肠。虽然小肠也可能有病变，但结肠始终是病变的主要器官。如果结肠没有病变，就应该严重怀疑是否是肠道沙门氏菌病。结肠和盲肠可见弥漫性坏死（图4.6）或局灶性坏死（图4.7）。

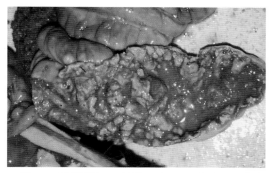

图4.6　弥漫性坏死性结肠炎是肠道沙门氏菌病的特征。注意深部坏死性病变，从结肠未切割部分的浆膜表面可见浅白色区域。坏死的深度与猪痢疾相比，猪痢疾的坏死更为浅表。

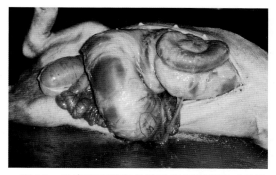

图4.8　患有直肠狭窄的猪结肠极度膨胀（见图4.5）。

4.2.3 诊断

断奶猪腹泻时应怀疑沙门氏菌病。最重要的是与猪痢疾、回肠炎和鞭虫病鉴别诊断。剖检时，应仔细检查结肠是否有病变。猪痢疾的坏死病变是浅表性的，而沙门氏菌病引起的坏死是深层的，这是一个重要的鉴别特征。此外，慢性沙门氏菌病的结肠壁粗大、增厚，而猪痢疾的结肠壁没有明显增厚。在现场，可以根据以下临床特征进行诊断：

图4.7　局灶性坏死病变（也称为纽扣溃疡）是肠道沙门氏菌病的特征病变。

在早期阶段，腹泻物呈黄色、水样，往往带有轻微的绿色。在后期，腹泻物经常出现黑色或深绿色。有时，小肠和大肠的黏膜都可能坏死。肠系膜淋巴结，特别是回盲淋巴结肿大。在慢性病例中，肠壁，特别是结肠肠壁明显增厚，肠黏膜表面可见纽扣溃疡形式的坏死。肝脏和脾脏通常表现正常。直肠狭窄的猪在剖检时会显示结肠和直肠明显膨胀（图4.8）。

- 发病猪是断奶和4月龄之间的猪。
- 腹泻物（至少开始时）呈水样、黄色或黄绿色。
- 猪精神沉郁，食欲废绝。
- 剖检发现结肠深部坏死。如果剖检一只瘦弱和发育不良的猪，结肠壁增厚，可能有纽扣溃疡。

如果仍无法鉴别，可以通过分离鉴定细菌来确诊。实验室最好的分离样本是肿大的肠系膜淋巴结，而不是结肠内容物。从临床感染猪的器官中分离沙门氏菌是很容易的。如果需要复杂的分离鉴定程序，那么这种疾病不太可能是沙门氏菌病。重要的是要记住，沙门氏菌也可以从临床正常带菌猪的内脏中分离出来。分离到沙门氏菌并不一定意味着猪发生临床沙门氏菌病。当有足够的临床依据怀疑沙门氏菌病时，细菌的分离应被视为确认证据。同样重要的是，要记住，沙门氏菌病可以而且经常与其他传染病同时发生或继发于其他传染病。粪便样本的分离鉴定结果并不十分令人满意，但如果只有粪便样本（即活猪的粪便样本），则应在无菌瓶中收集足够数量的粪便样本（约10g）。极其重要的是，要告诉实验室，怀疑的疾病是沙门氏菌病，以便使用适当的培养基（如Rappaport-Vassiliadis肉汤、亚硒酸盐肉汤、四硫代酸盐肉汤），从猪粪便中分离细菌。

用其他方法（酶联免疫吸附试验、聚合酶链反应）从临床健康猪的器官中检出沙门氏菌，通常是没有必要的诊断。此外，值得重申的是，检测到沙门氏菌的存在并不能确诊临床疾病是由沙门氏菌引起的。

由于肠道沙门氏菌病可能继发于其他传染病，特别是那些导致全身性症状的疾病，应确保这些原发疾病不被忽视。经典猪瘟和胸膜肺炎放线杆菌感染可能继发沙门氏菌病。

4.2.4 治疗和控制

从疫情猪场分离出来的沙门氏菌通常表现出多重耐药性。理想情况下，抗菌药物的选择应该基于对每次疫情中分离株的抗生素敏感性试验。然而，由于通常必须在获得实验室结果之前开始用药，因此药物的选择常基于以前的经验。在猪出现临床症状之前，如果在饲料中加入敏感抗生素，可以有效地预防疾病。然而，当猪出现临床症状时，同样的抗生素可能没有那么有效。因此，只有在沙门氏菌引起猪发病之前使用抗生素，抗生素才显得更有效。一旦沙门氏菌对结肠造成损害，则抗生素的疗效大打折扣了。由于沙门氏菌是一种细胞内细菌，因此在体外有效的抗生素能否在体内发挥同样的药效值得商榷。由于许多病猪会随着时间的推移而痊愈，一些用于治疗的抗生素可能会被误认为有效果。当病猪食欲不振、采食量下降时，如果选择抗生素疗法，应该采用注射给药方式。

应在饲料和饮水中添加预防性抗生素，以控制疫情暴发，防止其他猪被感染。

在采取任何治疗和控制措施之前，明智的做法是确定是否存在任何原发疾病或并发疾病。

常规处理程序包括隔离病猪、改善卫生条件和将应激降至最低。隔离是很重要的，因为病猪的粪便中有大量的鼠伤寒沙门氏菌。减少污染的卫生措施也很重要，但这说起来容易做起来难。如果栏舍没有空置一段合理的时间，则消毒不是很有效。此外，只要猪处于发病状态，猪圈内的其他猪就会接触到病猪腹泻粪便中的沙门氏菌（图4.1）。

接种沙门氏菌病疫苗是有争议的。灭活菌苗对于肠道沙门氏菌病而言并不是很有效，因为与几乎所有的细胞内细菌一样，其对肠道沙门氏菌病的抗性似乎主要是由细胞免疫介导的；而对于败血性沙门氏菌病疫苗来说可能有效，因为其对败血性沙门氏菌病的抗性主要是由体液免疫介导的。有试验研究使用减毒突变株鼠伤寒沙门氏菌活疫苗接种猪，到目前为止，经测试的活疫苗中没有一种能对实验性感染起到完全的保护作用。另外，对于活疫苗的一个巨大的担忧是毒力返强。未来可能会开发出更有效的疫苗。

预防感染几乎是不可能的。尽管感染多归咎于加工不当的鱼粉和被鼠粪便污染的饲料，但最可能的传染源其实是带菌猪。虽然鼠经常被认为是沙门氏菌的来源，但实际上，它可能是农场污染的受害者。确保动物免受应激比担心鱼粉的质量更重要。

4.3 猪痢疾

猪痢疾（SD）是一种临床表现为黏性出血性腹泻的疾病，主要发生在生长猪，病理学表现为严重的结肠炎症（结肠炎）。

4.3.1 病原学致病机制

猪痢疾是由一种革兰氏阴性厌氧螺旋体（猪痢疾短螺旋体，旧称蛇形螺旋体）引起的。螺旋体之所以这样命名，是因为它们的形态特征，呈螺旋形，有鞭毛。猪体内还有其他肠道螺旋体。另一种已知致病性的螺旋体是大肠毛状短螺旋体（*B. pilosicoli*），会导致猪结肠螺旋体病。其他已知的猪螺旋体被认为是非致病性的。

猪痢疾通常发生在2～5月龄猪。然而，乳猪和成年猪偶尔也会受到影响。猪在摄入感染猪或临床正常带菌猪的粪便后被感染（图4.9）。

图4.9 猪喜爱舔食血渍粪便，这是猪痢疾的主要传播方式。

据经验，一些猪喜欢舔舐猪痢疾或沙门氏菌病病猪的粪便。农场工人的鞋也有助于传播猪痢疾短螺旋体。除猪外，鼠也是猪痢疾短螺旋体的宿主。可以从猪场捕获的鼠体内分离到螺旋体。

其他动物（如犬和苍蝇）在猪痢疾的传播中的作用尚不清楚。猪痢疾短螺旋体能够在池塘和污水区的液体粪便中生存。利用从污染的污水区回收的水作为饮用水可能有助于疾病的传播。该病出现在猪饲养量大的大多数国家。在猪饲料中添加抗痢疾药物，特别是作为预防药物，可以掩盖猪痢疾的流行。但一些全身性疾病会影响药物的作用。例如，胸膜肺炎放线杆菌引起的全身性疾病，可导致猪食欲下降，从而减少药物饲料的摄入量，导致临床患病率的升高。

4.3.2 临床症状

猪痢疾通常发生在猪从保育舍转移到育成舍之后。换料和停止在饲料中添加抗生素可能会加速临床疾病的发生。任何会导致猪采食量下降的全身性疾病，也可能导致猪痢疾的发生。

这种疾病通常在感染猪群中逐渐传播。腹泻是猪痢疾一直出现的症状。重症猪痢疾很容易辨认。腹泻粪便的性质可能因疾病的严重程度和阶段而不同。粪便可能主要由血液组成，呈暗红色或棕色（图4.10），也可能呈柔软的黏液状并含有血块。

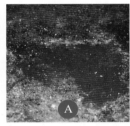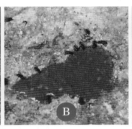

图4.10　猪痢疾病猪粪便的三种组成变化：（A）主要为血液；（B）黏液和血液；（C）含黏液的血块。

猪尾部经常沾满粪便。感染猪常用力弓背部排便。尽管腹泻很严重，但大多数猪仍能保持警觉。起初，它们可能看起来不太严重，可能会继续吃喝。随着时间的推移，病猪变得脱水、虚弱、发育迟缓、瘦骨嶙峋、肋骨突出。在这个阶段，感染猪的食欲下降，但仍继续饮水。大多数猪的最终死亡与脱水、酸中毒和高钾血症有关。

轻症猪可能表现为轻微的黏液样腹泻，生长速度下降。粪便中可能没有明显的血液。粪便是灰色的，有时甚至几乎是黑色的，像湿水泥。饲喂含抗生素饲料的猪，情况尤其如此。在这种情况下，

农场主可能没有意识到猪患有猪痢疾。

4.3.3 病理变化

病死猪尸体整体状况不佳，皮毛粗糙，可能沾有粪便。脱水通常很明显。特征性病变仅见于结肠。这是鉴别诊断的一个重要特征。剖检尸体，在结肠浆膜面可以看到小的隆起的白色病灶（结肠黏膜下腺体）（图4.11）。

这些腺体甚至可以在正常结肠中看到，但通常不那么明显。黏膜通常被黏液、纤维蛋白和血斑所覆盖。结肠内容物柔软湿润，急性病例中可能含有明显的血液。黏膜病变：在更严重的情况

图4.11 猪痢疾，扩张的结肠黏膜下腺体常在结肠浆膜面出现明显的隆起的白色病灶。这些腺体也可以在正常结肠中看到，但通常不明显。

下，黏膜上可能有带血条纹状黏液纤维性假膜。在更多的慢性病例中，结肠黏膜上可能有一层灰绿色-黑色的坏死层（图4.12），但坏死较浅，剥离不太困难。

图4.12 猪痢疾病猪结肠黏膜表面覆盖一层绿-黑色坏死层。坏死层是浅表性的，可以相对容易地剥离。注意存在黏液纤维蛋白假膜。

4.3.4 诊断

猪痢疾的诊断主要依据病史、临床症状及尸检发现的眼观和显微病变。

在病情较轻的情况下，猪可能出现黏液样腹泻，但没有明显脱水或发育迟缓的迹象。这种形式的疾病经常在提供含抗生素饲料的农场看到。在这种情况

下，农场主可能不愿意扑杀感染猪进行尸检。此外，轻度感染猪的尸检结果可能不是决定性诊断依据。在这种情况下，应根据病史、临床症状，以及对治疗的反馈进行诊断。

对于重症急性死亡病例，诊断也可以基于临床病理特征。选择死于该病或处于急性期的猪进行尸检。

可根据涂片和组织学切片中显示的螺旋体进行推定诊断（图4.13）。值得注意的是，这种方法不能区分致病性和非致病性螺旋体。

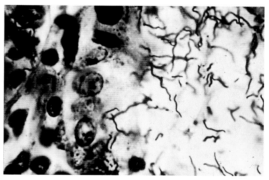

图4.13 组织切片中存在螺旋体（银染），提示可能是猪痢疾，但不能区分其他肠道螺旋体。

最终的确诊是基于对猪痢疾短螺旋体的分离和鉴定。然而，需要与非致病性螺旋体进行鉴别。常用方法是，在选择性琼脂培养基上厌氧培养后，根据溶血模式做出鉴别。猪痢疾短螺旋体具有强β-溶血作用，而其他螺旋体，包括致病性短螺旋体（如大肠毛状短螺旋体）或非致病性短螺旋体［如无害短螺旋体（*B.innocens*）］具有弱β-溶血作用。

在实验室设施不足的情况下，实用的诊断方法将依赖于病史、临床结果、尸检结果（如果可能的话），最重要的是，从实用的角度来看，依赖于对治疗的反应。

最重要的鉴别诊断是猪结肠螺旋体病（PCS），临床表现类似于较温和的猪痢疾。然而，从解决问题的角度来看，区分猪痢疾和猪结肠螺旋体病可能并不重要，因为两种疾病的治疗和控制基本上是相同的。要确诊是猪结肠螺旋体病还是猪痢疾，一种可用的方法是说服农场主停止在饲料中添加抗猪痢疾药物几周。如果腹泻持续为黏液样，可能是猪结肠螺旋体病。如果腹泻加重，并且粪便含有血液和黏液，那么疾病可能是猪痢疾。然而，农场主是否会配合这种诊断程序是一个需要考虑的问题。

4.3.5 鉴别诊断

因发生在同一年龄组而可能与猪痢疾混淆的疾病有：

- 沙门氏菌病；
- 增生性肠病（回肠炎）；
- 鞭虫病；
- 猪结肠螺旋体病。

如果粪便中有大量的血液和黏液，那么可能是猪痢疾。肠道沙门氏菌病，腹泻物水样，常呈黄色带绿色。猪痢疾，病猪通常表现得很警觉。相比之下，患有沙门氏菌病的猪通常表现出明显的精神抑郁、发热和食欲不振。然而，饲料

中添加过药物的猪发生猪痢疾时临床特征可能类似于沙门氏菌病，需要根据病死猪的剖检病变进行鉴别。在沙门氏菌病中，坏死和溃疡病灶更深，而猪痢疾的坏死病灶相对较浅。如果存在浅在坏死灶，就可以排除沙门氏菌病。

增生性肠病的临床症状类似于轻症的猪痢疾和猪结肠螺旋体病。在允许剖检时，会看到回肠末端的黏膜大大增厚。猪结肠螺旋体病的病变与轻度猪痢疾的病变非常相似，很难区分，特别是在使用了抗菌药物的情况下。

猪痢疾与鞭虫病的鉴别诊断：鞭虫病的结肠内有大量的鞭虫，这在剖检时很容易发现。但是，必须指出，这两种疾病可以同时发生。当对治疗效果不满意时，应怀疑同时患有鞭虫病。

4.3.6 治疗

一般采取药物疗法，注射给药或饮水给药。以前曾用于治疗猪痢疾的一些药物（如二甲硝唑、罗尼达唑、卡巴氧），在许多国家已不再允许使用。目前，可使用的药物有泰妙菌素（227mg/gal[*]，5d）、林可霉素（250mg/gal，10d）、庆大霉素（50mg/gal，10d）、泰乐菌素（0.25g/gal，3～10d），通过饮水给药。预防性地饲料给药可能令人满意，但治疗性地饲料给药效果较差。这是因为感染猪往往食欲下降。此外，在实施控制饲喂的猪群，每头猪消耗的饲料量不可

---

[*] gal在我国被列为非法定计量单位，1gal＝4～5L。

能是统一的。因此，治疗应开始于饮水给药，同时或随后进行饲料内添加药物治疗。虽然注射药物（泰妙菌素、林可霉素、泰乐菌素）可能有效，但通常需要至少3d。猪圈内的所有猪必须同时处理。当处理大量的猪时，注射给药有时可能是不切实际的。细菌耐药性的发展可能是一个问题，因为体外试验发现猪痢疾短螺旋体能够对多数抗菌药物产生耐药性。在一些国家，抗菌药物如新霉素、四环素效果较差。一些研究表明，除泰妙菌素外，许多常用抗菌药物对猪痢疾短螺旋体现场分离株的最低抑菌浓度都有提高。

4.3.7 预防和控制

保持一个封闭的畜群或从已知没有这种疾病的猪场引种应该是合乎逻辑的方法。然而，考虑到大多数亚洲国家养猪的性质，这种方法可能不可行，因为很少有封闭的猪群。该区域大多数发展中国家没有无特定病原体（SPF）猪群或净化猪群。没有可靠的方法来确定从农场（本地或海外）购买的猪是否真的没有猪痢疾。对于没有猪痢疾的农场来说，更实际的做法是隔离所有新来的猪，并消除病原携带者，而不是接受繁殖农场就它们的猪痢疾状况做出的保证。

有人建议，饲料给药和饮水给药治疗几天到几个月，有可能从猪圈中消除猪痢疾。所有这些计划必须结合严格的卫生、消毒及灭鼠措施。然而，在开始这种昂贵的计划之前，兽医和农场主应该对计划及其局限性有一个彻底的了解。农场净化猪痢疾是一回事；保持阴性则是另一回事。如果农场主不能预防疾病的复发，则花大价钱根除疾病就没有意义。要考虑的一个重要因素是农场的位置。如果该养猪场位于养猪密集的地区，而最近的养猪场几乎都是阳性，则不宜进行根除计划，因为很难维持阴性状况。在这些地区相邻的农场可能有共同的鼠群。

此外，那些从繁育到育肥连续性生产的农场根除成功的可能性更小。一定时期内的根除是可以实现的，但农场主和兽医应知晓猪痢疾极易复发，可能更明智的选择是控制猪痢疾而不是根除。

在执行严格卫生程序的情况下，可以通过饲料给药来实现疾病的控制。每3个月更换一次药物可以减少猪体产生耐药性的可能性。

4.4 猪结肠螺旋体病（螺旋体腹泻）

猪结肠螺旋体病（PCS）是一种主要影响猪生长和育成时期的疾病，以无血的黏液样腹泻和生长速度慢为特征。它在临床上比猪痢疾轻，即使未经治疗也不会致命。由于易感年龄与猪痢疾相似，因此常与猪痢疾混淆。实际上，这种疾病的临床症状可能类似于亚急性猪痢疾或使用添加抗生素饲料喂养的猪的猪痢疾。在早期，乡村兽医就将这种疾病诊断为"不太严重的猪痢疾"或"非特异性结肠炎"。由于这些疾病对相同的抗痢疾药物有反应，它们通常被认为是不同临床形式的猪痢疾。然而，自从20世纪80年代早期以来，一些研究人员就认识到一种厌氧螺旋体与这种类似于猪痢疾，但又与其不同（黏液样腹泻，而非猪痢疾的血样腹泻、致病性腹泻），主要发生于断奶猪和生长猪的疾病有关。引起这种疾病的螺旋体称为大肠毛状短螺旋体，这种疾病称为螺旋体腹泻或猪结肠螺旋体病。

大肠毛状短螺旋体寄主范围更广，已从人类和非人类灵长类、犬、天竺鼠、鸟类等许多动物中分离出来。然而，啮齿类动物、宠物和鸟类作为传播宿主的意义尚不清楚。试验证明，该螺旋体的跨物种传播提高了这种疾病可能具有人畜共患意义的可能性。然而，目前还没有猪传染人的记录。

4.4.1 临床症状

猪结肠螺旋体病最常见于生长猪和育成猪，或猪刚断奶后不久。试验条件下，潜伏期可短至3d，而在猪场条件下，不同来源的猪在迁移和混养后7～14d出现腹泻。将猪从保育舍转群到生长舍时，常常伴随着饲料改变的应激。主要临床表现为黏液样腹泻和生长缓慢。粪便可能呈水样，但最常见的是黏稠的湿水泥样。由于黏液的存在，粪便通常表

面上看起来光亮。猪常表现出排便紧张的迹象，会阴区可能染上浅灰色至黑色的粪便（图4.14）。

图4.14　疑似猪结肠螺旋体病的生长猪腹泻，粪便呈灰色至黑色，表面有一层发亮的黏液。

感染猪不会出现全身性疾病。除非有其他疾病使体温复杂化，否则体温保持在正常范围内。食欲可能会，也可能不会受到显著影响。如果不进行治疗，感染猪可能会逐渐消瘦。通常没有死亡。主要影响是生长速度慢和出栏时间延迟。据报道，混合感染，特别是胞内劳森菌的感染，会延长猪的自然恢复时间，对生长速度的影响比单独感染螺旋体更有害。

4.4.2 病理变化

病变主要见于结肠。根据剖检猪所处发病阶段的不同，结肠的内容物呈现水样至黏液样。在试验感染早期被宰杀的猪中，结肠有轻微的黏膜增厚、充血和多灶性糜烂。除非猪被屠宰，现场病

猪很少被剖检，因为感染猪通常不会死于这种疾病。结肠内容物中没有血液。如果结肠内容物有血，则应进行鉴别诊断。注意本病黏膜出血点的病变不如猪痢疾严重。

4.4.3 诊断

猪结肠螺旋体病的诊断比较困难。现场诊断多基于临床症状、尸检结果和对治疗的反应。有持续腹泻史，粪便类似湿水泥，增重缓慢，表明有猪结肠螺旋体病。本病的慢性型类似于临床增生性肠炎（回肠炎）和鞭虫病。如果腹泻物中有血液存在，兽医应警惕其他疾病的可能性，如猪痢疾。

依据染色发现结肠内螺旋体，结合临床病史，可做出初步诊断，但不能确诊，因为这不能区分大肠毛状短螺旋体和正常健康猪大肠中可能存在的其他非致病性螺旋体。为明确诊断，应该从猪急性期的结肠中采集组织和肠道样本。最终的诊断需要通过分离培养或PCR证实大肠毛状短螺旋体。但生产者在猪场开展这种实验室验证方法比较困难。

4.4.4 治疗和控制

治疗和控制措施基本上与猪痢疾相似。不同菌株的体外抗菌敏感性可能存在一定差异。用于猪痢疾的抗菌药物通常对大肠毛状短螺旋体有效。但是，在将体外试验结果外推到临床应用时应谨慎。

4.5 增生性肠炎（回肠炎）

猪增生性肠炎（PE）或回肠炎是猪在生长和育成阶段腹泻和生长不良的原因之一。

猪增生性肠炎被认为是一组常见的小肠上皮厚度异常增生的疾病，与胞内劳森菌有关。

除了增生表现型外，根据感染猪年龄和所出现病变类型的不同，至少还有两种临床表现型。用于描述这些不同临床表现型的术语可能会令人困惑。

- 猪小肠上皮增生症（PIA）：术语PIA是指小肠上皮增厚的情况。这是最基本的病变。患有简单PIA的猪可能没有临床症状。
- 局灶性回肠炎（RI）：这一术语适用于除小肠上皮增生症外，还存在末端回肠炎症的情况。患有RI的猪可能出现疾病迹象。
- 坏死性肠炎（NE）：术语NE适用于小肠上皮细胞坏死和脱落，并伴有明显增厚，通常称为"软管肠"。
- 增生性出血性肠病（PHE）：除小肠上皮增生症外，肠腔内还有弥漫性和大量出血，这种情况称为增生性出血性肠病（PHE）。

以上4种疾病统称为增生性肠炎。

本病在大多数农场流行。临床表现似乎受到猪场管理水平和暴露于胞内劳森菌的时间的影响。在大多数从繁育到育成连续性生产的猪场，亚急性形式的疾病可以发生在5～7周龄。然而，在亚洲，这种疾病最常见的形式是慢性形式，特征是8～20周龄的猪腹泻和生长不良。这可能是受预防性含抗生素饲料影响的结果。猪从保育舍移到生长舍后不久就出现腹泻，这与饲料的改变和饲料内抗菌剂的停用有关。一些农场在饲料或饮水中添加抗菌剂来控制格拉瑟氏病（由副嗜血杆菌引起），并在猪进入生长舍后突然停止用药，导致增生性肠炎的突然出现。一种可能的解释是，在保育舍，环境中胞内劳森菌的数量较少，同时舍内猪喂食了含有抗菌药物的饲料。这些免疫水平低的猪在转移到生长舍时，可能会暴露于高剂量的病菌含量下。因此，患病的年龄和疾病的形式受到暴露于胞内劳森菌的时间的影响，而暴露于胞内劳森菌的时间又会受到猪场管理水平的影响。在具有隔离饲养条件或多点生产系统的高健康水平农场，该病往往发生在猪生长后期到育成期。这种猪场的猪群在进入生长阶段之前几乎没有接触到胞内劳森菌，而在进入生长阶段它们会接触到非常高剂量的胞内劳森菌。在这种情况下，PHE可能会趋于严重。在亚洲，从繁育到育成的连续性生产很常见，PHE是一种相对少见的疾病。

感染猪通过粪便排出细菌。粪便、被污染的地板表面和媒介物是重要的感染源。

4.5.1 临床症状

这种疾病可以以温和的形式（PIA）存在，临床上猪看起来是正常的，但在尸检时可见猪小肠上皮增厚。在亚急性或慢性病例中，8～20周龄的断奶猪表现出不同程度的腹泻和生长不良，但食欲似乎相对正常。对于活猪，增生性肠炎的诊断比较困难。在大多数情况下，简单的增生性肠炎病猪在出现临床症状后1～2个月恢复正常生长。然而，出栏时间延迟和饲料利用率的降低使增生性肠炎成为一种经济损失较大疾病。增生性出血性肠病（PHE）是一种比PIA严重的疾病，很少在亚洲猪群中发生。通常发生在4～12月龄的猪。这意味着涉及的猪是生长-育成猪、后备母猪和公猪。增生性肠炎的临床表现更为严重的情况下，可见猪死亡，但病死猪除黏膜苍白外，无其他症状。其他猪的主要症状是黏膜苍白，粪便呈黑焦油状。对于没有死亡的猪来说，很多情况下恢复得很快。

4.5.2 病理变化

PIA的病变主要见于回肠末端和回盲部连接处。结肠上部也可能受影响。主要的病变是肠壁增厚。黏膜有深的纵向或横向皱襞。在严重的病例中，浆膜表面可见皱褶，其外观与大脑表面的皱褶相似。在坏死性肠炎病例中，有一层黄色的坏死性物质紧紧附着在黏膜上（图4.15）。

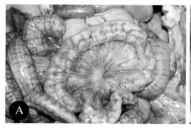 

图4.15 （A）增生性肠炎（回肠炎）病猪的末端回肠壁明显增厚，与大脑皱褶相似。（B）切开回肠病变部位后，一层黄色坏死物质紧密黏附在黏膜上，导致坏死性肠炎。注意，与（A）图片左侧小肠近端的正常厚度相比，肠壁明显增厚。

增生性出血性肠病的病变相似，除了回肠壁增厚外，管腔内还有血凝块和黑焦油状血液（图4.16）。

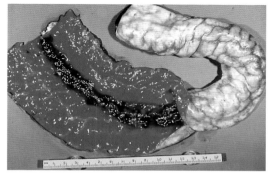

图4.16 小肠壁增厚，管腔内有血凝块。这种形式的增生性肠炎称为增生性出血性肠病（PHE）。图片由 P. Beers 提供。

4.5.3 治疗和控制

虽然体外试验发现许多抗生素均对胞内劳森菌有效，但临床实践中发现在标准剂量下有效的抗生素仅有泰乐菌素、泰妙菌素、恩诺沙星、金霉素。在主要问题是生长不良的地方性流行场，于发病高峰期在生长和育肥猪饲料中添加泰妙菌素（50g/t）、金霉素（200g/t）和泰乐菌素（100g/t），治疗效果较好。在大多数农场，发病高峰期为8～10周龄。然而，这取决于农场疾病的流行病学。确定发病高峰期非常重要，因为在发病高峰前（如保育舍）对猪进行药物治疗，可能会导致猪对胞内劳森菌的免疫力下降，甚至可能导致抗生素从饲料中去除时疾病的急性发作。另外，也可饮水给药或注射给药，但这两种方法在大型商业猪群中可能不切实际。在疾病暴发情况下，可先用金霉素或泰乐菌素饮水给药3d，然后选用四环素（400g/t）或泰乐菌素（100g/t）饲料给药2～3周。

当易感猪被引入一个地方性流行农场时，这些猪应该有大约2周的时间被允许感染，经过这段时间的接触，它们就可以接受治疗水平的抗生素治疗，以防临床疾病的暴发。这个方法是为了让新引进的猪受到感染并产生免疫力，在临床疾病暴发之前，在抗生素的帮助下避免发病。推荐的治疗方法包括在饲料中加入抗菌药物，如金霉素（400g/t）、泰乐菌素（100g/t）、泰妙菌素（150g/t）或林可霉素（110g/t），持续14d。

有一种商品化活疫苗可用，猪从3周龄开始可单次口服。

4.6 鞭虫病

猪鞭虫（图4.17）曾被认为是一种

图4.17　结肠内的鞭虫。注意结肠的黏膜有炎症。

图4.18　本病例的最初临床诊断为猪痢疾。当在结肠中发现猪鞭虫时，尸检对诊断进行了修订。然而，最终诊断为猪痢疾并发猪鞭虫感染。这里的主要（或更重要的）疾病（基于对治疗的反应）被认为是猪痢疾。

不重要的病原体，它在猪体内的存在被认为是无关紧要的。

利用15 000个感染性猪蛔虫卵实验性感染猪未引起明显的临床疾病，随后采用更多的感染性虫卵开展感染研究取得成功。因此，临床疾病的严重程度似乎与蠕虫的数量直接相关。在采用水泥地面的养猪场，由蠕虫引起的寄生虫病并不重要。然而，集约化养殖场仍要关注两种蠕虫——猪蛔虫和猪鞭虫。原因是这两种蠕虫的卵具有极强的抵抗力，可在猪场中长期存活。因为临床疾病只有在猪暴露于高感染剂量时才会变得明显，易被观察到，所以鞭虫可能以在农户不知情的情况下在农场持续存在。这就解释了为什么尽管流行率（根据屠宰场调查）很高，但实地报告的临床病例很少。由于鞭虫引起的疾病类似于猪痢疾，因此有人认为，抗菌治疗无效的猪痢疾病例可能会被误诊为鞭虫病。注意，鞭虫与细菌性病原体，特别是猪痢疾短螺旋体或其他厌氧螺旋体（图4.18）同

时感染，可能在临床更常见。

猪鞭虫可能引起肠道局部免疫反应的抑制，从而导致细菌感染的加重。

4.6.1 临床症状

2～6月龄的猪容易感染鞭虫，成年猪很少感染。临床症状包括食欲不振和腹泻，粪便中有血液和黏液。临床症状与猪痢疾相似。在很多病例中，鞭虫病与猪痢疾或猪结肠螺旋体病同时发生。

4.6.2 诊断

粪便检查虫卵并不是可靠的诊断方法，因为虫卵仅是偶尔存在。此外，虫卵的存在仅仅证实了猪鞭虫的存在。病猪死后剖检，发现大量的鞭虫是诊断的必要条件（图4.19）。成虫主要在结肠中发现。

对于抗菌治疗效果不理想的猪痢疾病例，应怀疑并发鞭虫病。另外，应与

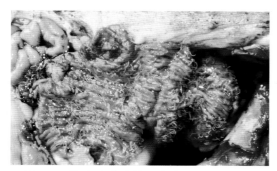

图4.19 鞭虫病病猪结肠内有大量鞭虫。请注意，为便于观察，大多数鞭虫与结肠内容物已被冲洗掉。

增生性肠炎进行鉴别诊断，因为它也可能与鞭虫病同时发生。

4.6.3 治疗

当临床怀疑为鞭虫病时，重要的是不要单独用驱虫剂治疗这种疾病，因为在大多数情况下，这种疾病与猪痢疾同时发生。

在大多数情况下，当抗菌药物的治疗效果不太令人满意时，可怀疑鞭虫病。

许多农场在治疗这种疾病时遇到困难，原因可能与所用驱虫剂和正在接受治疗的动物有关。阿苯达唑是首选驱虫剂。重要的是，农场里的所有猪，包括母猪，都要得到治疗，而不仅仅是感染猪。伊维菌素和噻苯达唑的效果较差。

猪体内大量鞭虫的存在意味着养猪场受到了严重污染，因为猪必须摄入数千个感染性虫卵才能检测出鞭虫，

（鞭虫与细菌或病毒不同，不会在动物体内繁殖，因此，一个鞭虫虫卵仅能发育为一条鞭虫成虫。）除了定期进行驱虫外，彻底清洁环境也是必要的，因为虫卵具有很强的抵抗力，可能会持续感染数年。

5 无全身疾病症状的断奶仔猪猝死综合征

5.1 水肿病（肠水肿）

水肿病通常表现为刚断奶仔猪的猝死，由小肠内的某些产毒素大肠杆菌菌株产生的毒素导致。许多猪群报道该病可造成重大损失，但典型病史是一头体况良好的猪在断奶后1～2周内突然死亡。

本病是由某些致病性大肠杆菌菌株的异常增殖引起的，通常是那些有F18或F4菌毛的菌株，这类菌毛能够附着在小肠黏膜上，并产生外毒素。这些外毒素，称为志贺样毒素（SLT）或类志贺样毒素，可能会进入血液，对血管，尤其是小动脉和动脉造成损伤。血管损伤进一步导致各种组织的水肿，特别是眼睑、胃和结肠，水肿也会发生在大脑和心肌，而心肌水肿可能就是导致猪猝死的主要原因。在急性病例中得以存活的猪通常由于脑软化而表现出神经症状。

引起水肿病的同一菌株也可以引起仔猪断奶后的腹泻。这两种疾病可以独立发生，也可以同时发生。

5.1.1 临床症状

某些病例唯一值得关注的是体况良好猪在断奶后10d内突然死亡。观察发现，这些临床症状主要与神经系统和血管系统感染有关。

感染猪通常步态蹒跚，可观察到前肢肿胀，在发病后期，可出现共济失调、瘫痪、侧卧并伴有划水运动。通常会在神经症状出现后的24h内发生死亡。

可见眼睑、鼻子、耳朵和前额水肿。发病猪眼睑肿胀，难以睁开眼睛（图5.1）。

图5.1　水肿病猪一个典型的临床症状是眼睑肿胀。

感染猪由于喉头水肿，可能会发出特殊的沙哑尖叫声，但体温通常在正常范围内。该病有时可能伴有断奶后腹泻。

5.1.2 病理变化

死亡猪多半体况良好。眼睑水肿可在刚死亡的动物中观察到（图5.2）。

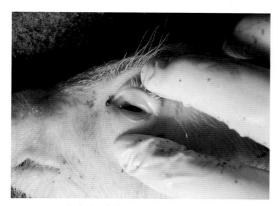

图5.2 患有水肿病的猪眼睑水肿。

最具特点的是胃黏膜下层水肿，在贲门至胃大弯处切开浆膜和肌层后可见（图5.3）。

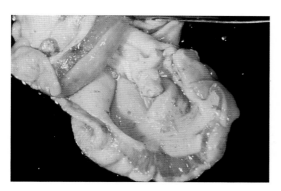

图5.3 胃黏膜下层水肿是水肿病的一个特征性病变。图片由马来西亚博特拉大学兽医临床研究部提供。

在乙状结肠的褶皱中也可能有胶冻状水肿区域（图5.4）。

部分病例可见喉头水肿。体腔内可能存在过量浆液，心包内也可能含有大量浆液，还可能出现一些纤维蛋白。在

图5.4 水肿病猪乙状结肠的肠系膜胶冻状区域（箭头）。图片由Hii D.O.提供。

突然死亡的猪中，水肿可能存在于冠状动脉周围的血管周围区域（图5.5）。胃经常胀满。注意并不是所有的病例都有水肿，这一点非常重要。

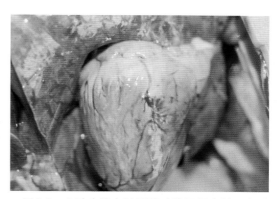

图5.5 水肿病猪心脏冠状动脉周围水肿。心脏病变可能是水肿病猪常见的猝死原因。

最重要的镜下发现是影响小动脉和动脉的血管病变，其特征是透明变性和纤维蛋白样坏死（图5.6）。

组织学检查通常能证实胃壁和大脑有水肿的存在，而这些组织的水肿在血管周围间隙更为明显。

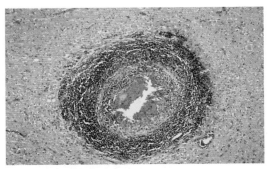

图5.6 小血管的病变是水肿病的一个特征性组织学发现。图片由Love RJ 提供。

5.1.3 诊断

体况良好的猪在断奶后1～2周内突然死亡的，应怀疑水肿病。死后剖检，特征性的水肿有助于准确诊断。然而，在许多病例中，这些病变可能并不存在。与水肿病相关的大肠杆菌血清型的实验室鉴定，通常可作为确诊的依据。另一种方法则是培养小肠内容物，以在纯培养物中分离出溶血性大肠杆菌作为诊断依据。因此，必须宰杀出现临床症状的活体动物来采集样本或从刚死不久的猪采集样本。从业人员必须确定是否需要实验室确诊。对于散发性和难以预料的病例，基于临床综合症状的现场诊断可能是最实用和最经济的方法。如果在发病率高或需要进行鉴别诊断的情况下，可能需要进一步的实验室证据。

单头猪猝死的一个重要鉴别诊断是猪应激综合征。后者唯一最有价值的诊断依据是瞬间出现的尸僵。另一个诊断依据可能是桑葚心，猪应激综合征病猪在死后有非常典型的心肌损伤。

当观察到神经症状后，最重要的鉴别诊断是猪伪狂犬病和链球菌性脑膜炎这两个疾病。

5.1.4 治疗和控制

感染猪很少康复，治疗往往无效。因为这种疾病是由吸收到血液循环中的毒素引起的。不过，对于即将发病猪，在发病前的几天，通常在断奶后的5d左右，通过拌料给药减少肠道中大肠杆菌的数量是可行的。安普霉素、新霉素和黏菌素等抗生素可作为饲料拌料用药。然而，抗生素耐药性往往发展迅速。通过限制采食量和增加膳食纤维可能有作用。

预防该病，主要是控制可引起断奶仔猪应激的因素。应尽量减少环境和其他形式的压力，如不必要的混群、更换围栏、运输、冷应激等。仔猪断奶前应进行教槽以帮助其适应固体食物。断奶后，猪应保持较低水平的饲料，然后在2～3周内逐步增加到正常水平。应采取控制断奶后腹泻的措施。建议在易感期的饲料中添加益生菌。然而，这只是增多了控制和治疗措施，这些措施并不是一贯有效的。一种更有效的方法是在易感日龄之前注射灭活疫苗（类毒素）或口服减毒活疫苗。

5.2 胃溃疡

胃溃疡在集约化饲养猪群中较为常见，当发生出血或穿孔时可导致猝死。

这种情况世界各地都有发现。大多数的病例仅在屠杀时偶然发现。各地屠宰场的调查表明，有20%～30%的屠宰猪有胃溃疡。该病通常影响8周龄后的猪。胃溃疡与品种和性别无关。

胃受影响的部位通常是贲门周围的非腺体区域（食道部）。大多数猪群中，胃溃疡没有明显的不良反应，只是在剖检或屠宰时偶然发现的。少数猪只会发生胃穿孔，从而导致局部或广泛性的腹膜炎或胸膜炎。有时溃疡可能波及大血管，导致大出血和猝死。

猪胃溃疡的确切病因尚不清楚。现已提出了许多可能的原因和诱发因素。这些因素包括饲料颗粒的细度、过度拥挤造成的应激、打斗、运输、并发感染、胃酸过多、铜中毒、硒和维生素E缺乏以及细菌（螺杆菌属）、寄生虫（蛔虫），甚至白色念珠菌感染。然而，这些诱发因素中的许多因素并不总能引起胃溃疡。例如，通过运输和其他应激手段试图诱发猪胃溃疡并不总能获得成功。虽然有些研究表明，在日粮中添加高铜作为促生长剂与胃溃疡有关，但无法复制出这种效果。自20世纪60年代初以来，许多种类的细菌和真菌已经从胃溃疡病变部位分离出来。一些研究人员在猪上分离出了与猪胃溃疡有关的螺杆菌属成员。然而，利用从猪中分离出的螺杆菌属成员和从人分离出的幽门螺杆菌，进行人工感染试验均未能在无菌猪中复制出胃溃疡。有人报道了用猪圆环病毒2型感染猪诱发了胃溃疡。然而，胃溃疡的确切病因仍不清楚。

很难确定胃溃疡的经济意义，有人认为它会导致增重效率的降低，也有人认为没有证据表明胃溃疡会导致生长速度的下降。

5.2.1 诊断

因为大多数的胃溃疡病例没有任何临床症状，所以临床诊断通常较为困难。当一头面色苍白、体况良好的猪死亡时，通常怀疑为胃溃疡。仔细检查后，黏膜苍白。虽然任何年龄的猪都可能患此病，但最常见于产仔前后的母猪和体重20～40kg快速生长的育肥猪。在亚急性病例中，猪可能会排出黑色或深巧克力色的颗粒粪便，持续数天。这些猪往往厌食，通常在角落中扎堆，痛苦，磨牙。皮肤苍白，但体温一般正常。这些猪可能死亡，也可能会自愈，有时出现呕吐。尸检会发现胃溃疡的存在，通常为食道部大量出血（图5.7），伴随着大量的血凝块进入胃内（图5.8）。

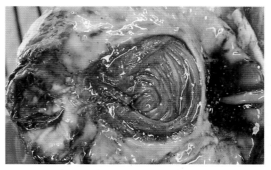

图5.7 食道部溃疡，胃出血。图片由A. Stephano提供。

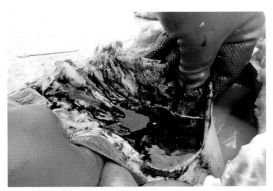

图5.8　由于溃疡波及大动脉，造成急性大出血而引起猪的猝死。大量夹杂着血凝块的血样进入胃内。图片由 R. Torregoza 提供。

5.2.2 治疗和控制

该病没有具体的治疗方法。不过，如果发现一头易发年龄段的猪皮肤苍白，精神沉郁，排出黑色或巧克力色的颗粒粪便，明智的做法是不要以任何方式驱赶猪或给猪造成应激，这意味着这样的猪不能被驱赶、抓捕或注射。如果不去管这些猪，反而有一定数量的猪可能会逐渐康复。

由于病因学上的不确定性以及许多诱发因素的存在，很难制订合理的控制方案。此外，我们还应该考虑任何旨在预防胃溃疡发生的措施的成本效益。常见的预防措施包括确保饲料不会过细（建议采用不小于3.5mm的筛网），控制饲料中真菌的生长以减少不饱和脂肪酸的含量，确保饲料中不缺乏维生素E和硒，保证日粮中的铜含量远低于中毒水平，以及减少应激因素，比如过度拥挤和打架。重要的是要记住，预防该病所花费的成本、精力必须与农场中胃溃疡可能引起的经济损失以及这种措施可获得的预防效果相匹配。

5.3 猪应激综合征（PSS）、白肌肉、水猪肉（PSE肉）、恶性高热

猪应激综合征（Porcine stress syndrome, PSS）是应激敏感猪对严重应激的异常反应，以肌肉僵硬和猝死为特征。PSS是一种由基因突变引起的遗传性疾病，以具有PSS纯合子基因的猪易感。PSS在全世界范围内都有报道，尤其在荷兰等一些国家，这一问题似乎更为严重。发病率最高的猪是皮特兰、荷兰和比利时的长白猪，而杜洛克和大白猪的发病率最低。该病在肌肉发达的品种中更为常见。应激敏感猪存活到屠宰时可能会发生肌肉苍白、质地松软、多汁，也被称为白肌肉、水猪肉（Pale soft exudative pork，PSE肉）。使用麻醉剂，如氟烷、氯仿或琥珀酰氯也会引发同样的综合征。由于病猪体温迅速升高，这种情况也被称为恶性高热。

5.3.1 临床症状

当PSS敏感猪受到诸如打架或过度驱赶的应激时，可能出现肌肉和尾部震颤的早期症状。如果引起应激的刺激因素没有消除，则猪开始呼吸急促，皮肤出现红色斑点，体温升高（超过临床测温的极限），紧接着虚脱、肌肉僵硬、腿部伸展。死后立即出现尸僵。

5.3.2 病理变化

尸僵发展迅速。在大部分病例中，肌肉苍白、质地松软和多汁。肌肉pH在猪死亡数分钟内下降到6.0及以下。

5.3.3 治疗和控制

当猪处于应激状态时，尤其是在驱赶过程中（例如，在称重时），开始出现诸如不规则、沉重或急促呼吸、肌肉震颤和皮肤斑点等症状时，应立即消除应激，并让猪休息。大多数猪不需要进一步治疗即可自然康复。在打斗中出现类似症状的猪应该立即移出圈。从猪体采集血液样本的兽医应该有一名助手来密切注意这些症状的发展。采血后应激敏感猪的死亡对兽医和农民来说都是很大的压力，特别是当这些猪大部分都是体格健壮猪时。在将应激敏感猪置于应激环境（如运输）之前对其进行镇静处理，将有助于减少PSS造成的死亡。

针对PSS发病率较高的猪群，最好的方法是从繁殖群中剔除携带应激敏感基因的猪。应激敏感猪在氟烷麻醉情况下会发生恶性高热和肌肉僵硬，据此可测试出应激敏感猪，但这项测试最好在断奶时进行。断奶测试猪可提供其自身及其父本、母本的遗传信息（如是否携带应激敏感基因等）。一些国家有更复杂的血型测试技术，可检测那些应激敏感猪以及PSS基因携带者。当PSS的发病率不高，不足以保证此项测试时，最可

行的方法是通过目测法来检测应激敏感猪。尽管一些农场声称通过目测法检测应激敏感猪是准确可靠的，但很可能他们不能辨别肌肉发达和应激敏感。

5.4 桑葚心病

桑葚心病（MHD）主要引起断奶后至16周龄快速生长猪的零星死亡，其特征是明显的心肌出血和猝死。不过，本病也可能发生在哺乳猪和成年猪。

这种疾病被认为是由维生素E和/或硒缺乏引起的。膳食中蛋白质的缺乏可能会增加对硒的需求。饮食中含有高水平的多元饱和脂肪可能导致继发性维生素E缺乏。

本病的主要病变是严重的心肌出血，导致急性心力衰竭和猝死。呼吸困难和肌肉无力的临床症状可能与心脏病变有关。

5.4.1 临床症状

生长猪最常发，通常在没有任何预兆的情况下发现死亡。早期观察，可发现发病猪在死亡前一两天表现为厌食、肌肉无力和精神沉郁。

5.4.2 病理变化

病猪体况良好，体腔中有液体和纤维蛋白（图5.9）。心包内充满胶冻状液体和纤维蛋白。肺水肿，可能有轻微皮下及肌间水肿。心肌广泛出血，可见出血性条纹从基底部延伸到心尖（图5.10）。心内膜也有类似出血。

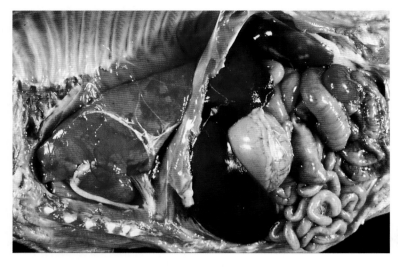

图5.9　桑葚心病猪体腔中的液体和纤维蛋白。注意心外膜表面的病变。

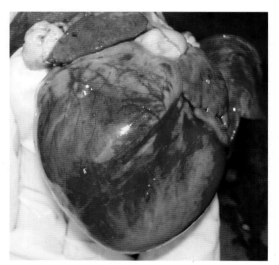

图5.10　桑葚心病猪心脏从心基底到心尖的出血性条纹。图片由Cheong Y.H提供。

组织病理学检查显示心肌广泛出血，血管无明显退行性变化。

5.4.3 控制

应该检查饲料配方，以确保饲料中维生素E和硒水平适宜。还应注意的是，在饮食中添加油和脂肪可能会降低维生素E的利用率。

5.5 营养性肝坏死

与桑葚心病一样，营养性肝坏死是由维生素E或硒缺乏引起的。表现为快速生长猪突然死亡，特点是急性出血性肝坏死和肌肉变性。

5.5.1 临床症状

因绝大多数发病猪被发现时已死亡，通常很难见到临床症状。但有时在猪死亡前不久能观察到肌肉强直、呆滞和精神沉郁。

5.5.2 病理变化

肝小叶大面积出血、坏死，导致肝实质弥漫性改变（图5.11），肝脏呈现花斑样。体腔可能有皮下水肿和体腔积液。还有双侧对称骨骼肌变性（图5.12）。微血管病变和小动脉壁玻璃样变是其特征性病变。

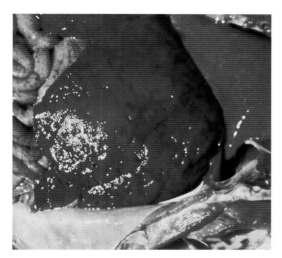

图5.11　一头患有营养性肝坏死猪的肝脏出血性坏死。图片由Love R.J提供。

图5.12　营养性肝坏死病猪骨骼肌两侧对称的变性条纹。图片由Love R.J提供。

5.5.3 诊断

诊断主要基于死后剖检，因为几乎没有任何临床症状。最重要的鉴别诊断是水肿病，因为水肿病也存在类似的血管病变。肝脏和肌肉的病变有助于鉴别诊断。

5.5.4 控制

控制措施与桑葚心病相似。

5.6 肠扭转

肠扭转通常导致大猪的猝死，最常见于成年母猪。病猪苍白，腹部肿胀。据报道，在一些国家，这一问题在饲喂乳清的猪中更为常见。然而，即使是在非饲喂乳清的猪，也会涉及其他未知因素引起的肠扭转。当健康母猪突然死亡、黏膜苍白时，就应该怀疑可能是肠扭转。该病与胃穿孔导致的死亡相似，这种情况可通过尸检来区别。尸检可发现由于肠管围绕着肠系膜根部扭转而造成肠道肿胀出血，呈深红色（图5.13）。由于原因不明确，目前没有特别有效的预防方法。

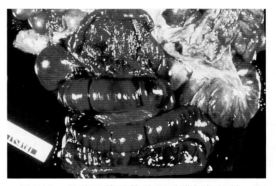

图5.13　母猪肠管围绕着肠系膜根部扭转。图片由Love R.J提供。

5.7 增生性肠炎（见第4章）

6 断奶仔猪败血病综合征

6.1 链球菌性脑膜炎

链球菌性脑膜炎是一种常见于 1～2 月龄断奶仔猪的疾病，表现为健康猪无任何征兆的猝死或全身性疾病，伴有或不伴有神经症状。部分猪可能会出现关节炎。虽然猪链球菌有多种血清型，但该病主要由猪链球菌2型引起，而仔猪断奶前通常由猪链球菌1型引起。然而，不同血清型的流行率因不同国家而异。本病在大多数病例中发病率不高，大面积的暴发并不常见。虽然病发病后临床症状在几周后会消失，但仍会出现不定期的零星死亡。

猪链球菌长期存在于表观健康猪的扁桃体和鼻腔中，在其他动物物种和鸟类中也有发现。目前除了猪以外，其他动物在链球菌传播中的作用还不清楚。

本病主要通过引进带菌猪感染本场猪群（比如引种）引起。在断奶仔猪中的暴发可能是由更强毒力的猪链球菌传播引起的。

在猪群内，本病主要由母猪传染给哺乳仔猪，或断奶仔猪之间相互传染。尽管众所周知猪和猪之间的直接接触是最常见的传播方式，但保育舍内螨虫在该病的传播中也起着一定作用。

6.1.1 临床症状

本病暴发的第一个迹象是身体状况良好的猪死亡，有时四肢变色。如果发病猪未死亡，则可能会出现高热和败血症的迹象。许多猪在临死前数小时出现神经症状，如不协调、瘫痪、划水样和强直性痉挛（图6.1）。猪的眼睛睁得很大，触觉刺激会引发或加重抽搐。

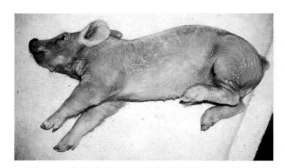

图6.1 猪链球菌性脑膜炎表现出典型的划水样和强直性痉挛症状。前腿僵硬伸展，后腿划水抽搐，头部伸出，双眼睁大是脑膜炎的典型症状。良好的体况表明发病是突然的。

小猪可出现多发性关节炎，表现为关节肿胀（通常涉及腕关节和/或跗关节）（图6.2）。

本病虽然有时会出现暴发，但零星病例更为常见。猪繁殖与呼吸综合征（PRRS）暴发后，链球菌病的发病率会显著升高。

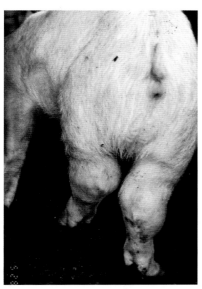

图6.2 多发性关节炎是猪链球菌病的常见症状。注意跗骨关节的肿胀。

6.1.2 诊断

病变很少见。在几乎所有的病例中，脑膜出现明显的充血。

在某些病例中，肉眼可见明显的脓液。大脑表层出现从白色到淡黄色的化脓性渗出物（图6.3），或脑膜血管（图6.4），尤其是位于脑沟或脑桥腹侧面（图6.5）的血管出现混浊或表现模糊。

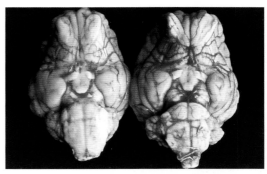

图6.4 脑膜血管混浊模糊提示化脓性脑膜炎。可采集样本进行细菌培养和组织病理学检查。

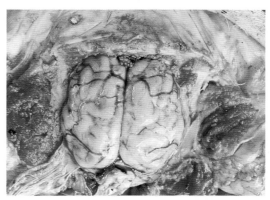

图6.5 在某些病例中，从大脑腹侧面能更好地观察到脓液的存在。混浊的脓液在左侧脑桥、丘脑和髓质的区域尤其明显。在右边的大脑图片中没有发现化脓的迹象。

在脓液不明显的地方，组织病理学检查显示脑膜中存在大量中性粒细胞，这一现象表明化脓性脑膜炎的存在。在一些猪中，可以观察到多发性关节炎。在急性病例中，耐过猪可能会出现疣性心内膜炎（图6.6）。

根据临床症状和剖检结果通常足以诊断猪链球菌感染。如需确诊，可取脑膜涂片镜检，或取脑组织、关节液和心脏血液进行细菌培养。在直肠温度高的猪中，取心脏血液进行细菌培养，可观察到猪链球菌生长。

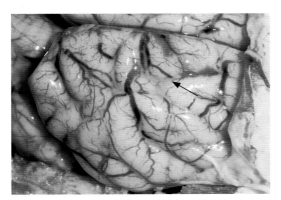

图6.3 在患有链球菌性脑膜炎的猪脑沟中存在更明显的脓液。如箭头指向的脑沟。

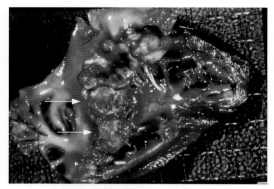

图6.6 疣性心内膜炎病猪，在房室瓣上呈现菜花状增生（箭头指示），可能是猪链球菌感染引起的病变之一。

如果一头1～2月龄的猪体况良好，突然生病，出现神经症状并死亡，应尽可能将大脑保存在福尔马林溶液中，并送实验室进行组织病理学检查。如果组织学检查显示为化脓性脑膜炎，那么可能诊断为链球菌病。在这个年龄阶段，有同样症状的另一种疾病可能是副猪嗜血杆菌病。引起保育猪化脓性脑膜炎最常见的两种病原就是猪链球菌和副猪嗜血杆菌。

如果形态学诊断为非化脓性脑膜脑炎，则更有可能是病毒性疾病，如猪伪狂犬病或经典猪瘟。在后两种疾病中，死于经典猪瘟的猪通常还具有其他更明显的肉眼病变。

6.1.3 治疗和控制

青霉素是个体治疗的首选抗生素。急性病例痊愈的可能性不大。更可行的方法是同一圈内全群注射青霉素或阿莫西林。针对慢性感染猪，耳缘静脉注射高剂量的青霉素，可能可以康复。然而，

在大多数农场，这一操作通常是不切实际的。在风险期内，一般通过使猪适当内服四环素类药物来控制该病，但在一些猪场一旦停药，仍会复发。

一些养猪场通过给农场所有牲畜注射长效青霉素或给所有种猪注射长效青霉素，然后在母猪进入产房时对其进行个别治疗，从而根除了猪链球菌病。

在猪发病前不久，可以给保育猪注射长效青霉素或阿莫西林。

6.2 格拉瑟氏病（副猪嗜血杆菌病）

格拉瑟氏病是一种由副猪嗜血杆菌引起的断奶猪和生长猪的疾病，以多发性纤维素性浆膜炎、关节炎和脑膜炎为特征。副猪嗜血杆菌至少有15种不同的血清型。尽管包括后备母猪在内的大日龄猪可能也会受到影响，但该疾病主要表现为断奶猪的败血病。因为不同窝猪的免疫状态不同，所以将不同窝的猪混养在同一保育舍最容易诱发此病。

虽然该病主要影响断奶猪，但最早可在3周龄发生。饮食结构改变、断奶、运输和不利的气候条件等应激状况是重要的诱发因素。来自不同农场的断奶仔猪混养为副猪嗜血杆菌病的暴发提供了更有利的环境。由于这种疾病通常发生在猪从一个农场转移到另一个农场之后，因此该病以前在丹麦被称为运输性疾病。

从20世纪90年代初开始，副猪嗜血杆菌病对养猪场造成重大经济损失。在欧洲和美国，通过多点式生产和早期隔离断奶技术，成功地根除或极大降低了各种疾病的发病率，出现了越来越多高度健康的隔离畜群。然而，这也导致了副猪嗜血杆菌病发病率的上升和发病程度的增强。几十年来，人们已经知道，无特定病原体（SPF）猪群和拥有高度健康和卫生措施的农场，一旦发生疫情可能会非常严重。

由于高度健康的猪群缺乏与副猪嗜血杆菌的自然接触，因此猪群很少或没有产生相应的获得性免疫，反而特别容易受到感染。当这样的猪群接触到副猪嗜血杆菌时，可能会急性暴发副猪嗜血杆菌病，临床症状明显。

临床发现表明，副猪嗜血杆菌、猪链球菌和胸膜肺炎放线杆菌等引起的细菌性疾病会因猪繁殖与呼吸综合征（PRRS）的混合感染而恶化。相应的，田间观察发现，PRRS暴发后农场的副猪嗜血杆菌病发病率更高。在患有严重的断奶仔猪多系统衰竭综合征的农场，副猪嗜血杆菌病的发生率也有所提高。

6.2.1 临床症状

临床症状受炎性病变部位的影响。该病最常见于断奶后1~2周。最初，猪表现为伴有抑郁、厌食、发热和呼吸困难的全身性疾病（图6.7）。许多猪也出现被毛变长现象（图6.8）。

图6.7 患副猪嗜血杆菌病的猪，通常在断奶后与其他猪群的猪混养在保育舍中，1周左右开始出现全身性疾病。

图6.8 患副猪嗜血杆菌病的猪，可看到被毛变长。

在急性暴发的病例中，一些猪可能死于败血症，表现为四肢变色。尽管跛行是一种典型的临床症状，但通常易被更为剧烈的全身性症状所掩盖。患病猪跛行，呈犬坐姿势。一个或几个关节可能肿胀，肿胀处灼热且疼痛。最严重的关节往往是腕关节和跗关节（图6.9）。

副猪嗜血杆菌病的死亡率视情况而定，10%~50%不等。猪往往在发病后2~5d内死亡，死亡前身体末梢部位发绀。在许多情况下，患病猪可能会出现脑膜炎，表现出肌肉震颤、共济失调和抽搐（图6.10）。

图6.9 患副猪嗜血杆菌病的猪，跗关节肿胀。

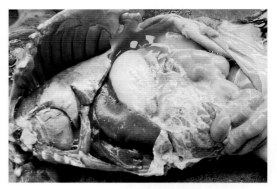

图6.11 断奶猪的多发性浆膜炎（纤维素性腹膜炎、胸膜炎、心包炎），据此可诊断为副猪嗜血杆菌病。

图6.10 一头由副猪嗜血杆菌引起发病，因脑膜炎而抽搐的猪。临床上这种抽搐与链球菌性脑膜炎引起的抽搐很难区分开来（见图6.1）。

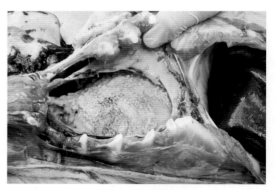

图6.12 副猪嗜血杆菌引起的心包炎。注意：对猪实施安乐死时，心脏表面出血是由心内穿刺引起的。

6.2.2 病理变化

病猪死后病变主要是纤维素性或浆液纤维素性脑膜炎、胸膜炎、心包炎、腹膜炎和关节炎，它们以多种病变组合出现或单独形式出现（图6.11和图6.12）。

在最急性和急性病例中，尸体会出现耳朵发绀和四肢变色的现象。在亚急性或经过抗生素治疗的急性病例中，可看到病猪被毛粗乱、明显虚弱和腹部膨胀；剖检这些猪，通常表现为多发性浆膜炎。

6.2.3 诊断

如果患病猪的病史、年龄和临床症状均符合副猪嗜血杆菌病的特征，则多发性浆膜炎的尸检结果可以作为确诊依据。利用运输培养基采集新鲜样本对细菌分离培养鉴定尤为重要，可以从关节液、心脏血液（在败血阶段）、肺或脑膜中分离出副猪嗜血杆菌。

应注意与断奶猪的链球菌病、地方性经典猪瘟（尤其是在接种疫苗的猪场）和断奶仔猪多系统衰竭综合征进行鉴别诊断。虽然猪鼻支原体引起的疾病在临床上与副猪嗜血杆菌病很难区分，但猪鼻支原体感染的全身症状较为温和，病程发展也较缓慢。

6.2.4 治疗和控制

在发现临床症状后立即进行治疗才有效。抗生素采用肠外全群给药，包括没有临床症状的猪。体外药敏试验表明副猪嗜血杆菌对氨苄西林、恩诺沙星、先锋霉素最敏感，对头孢菌素类（头孢噻呋）、青霉素G、磺胺类药物敏感，对氨基糖苷类、氨基醇类、四环素类药物敏感程度较低。考虑到低成本和广泛的可用性，将青霉素及其同类药物作为治疗副猪嗜血杆菌病的首选抗生素。在风险期内，可以在断奶仔猪饮水中给药，如阿莫西林或苯氧甲基青霉素（青霉素V）。临产母猪可注射长效青霉素。

在该病呈地方流行性的猪群中，预防控制的重点是在疫病易感期减少应激。在断奶时，将具有不同免疫状态的猪混合在一起，或混合来源于不同农场的断奶仔猪，会增加患病风险，尤其是将SPF猪和其他来源的猪混养时。

对于SPF猪或高度健康的猪群，建议接种疫苗预防该病的暴发。然而，副猪嗜血杆菌多达15个血清型，虽然疫苗可诱导同种血清型的特异性保护，甚至有一定程度的交叉保护，但它不能保护所有异种血清型，有时甚至不能保护同一种血清型的不同菌株。因此，明确某个特定地区的主要流行菌株的血清型对

疫苗的选择非常重要。使用双价或三价疫苗一般比单价疫苗能提供更好的保护。然而，控制措施不仅应包括疫苗接种，还应包括抗生素控制和管理策略，以降低感染压力和减少病原载量，特别是在仔猪断奶期，显得尤为重要。

6.3 猪瘟（猪霍乱）

经典猪瘟（CSF）又称猪霍乱，是一种具有高度传染性的猪病毒性疾病，其特征是传播迅速，易感猪群高热，发病率高，死亡率高，死后尸体广泛性出血。该病还有亚急性、慢性及临床症状不明显的隐性感染形式。

猪瘟病毒属于黄病毒科瘟病毒属。猪瘟病毒不同毒株的毒力差异很大。高毒力毒株在易感猪群中引起急性暴发，死亡率高，而低毒力毒株导致亚急性或慢性感染。基因变异与毒力之间没有关系。

该病在世界范围内广泛存在。成功根除猪瘟的国家有美国、加拿大和英国。其他国家如澳大利亚、冰岛、爱尔兰、新西兰、挪威、瑞典和瑞士，被认为是无猪瘟的国家。欧洲于1980年停止了疫苗免疫并实施根除计划。然而，尽管采取了这些措施，在欧盟国家猪瘟仍零星散发，其中1997年荷兰的疫情尤为严重。

亚洲的大多数国家都可以视猪瘟为地方性疾病。日本于2021报道了一例猪瘟病例。柬埔寨、印度、韩国、老挝、马来西亚、印度尼西亚、缅甸、尼泊尔、

菲律宾、斯里兰卡、泰国、越南，以及我国香港、台湾等地都报道过此病。

该病很容易通过感染猪和易感猪的直接接触而传播。感染猪在潜伏期就可以排毒，通过鼻腔分泌物、唾液、尿液和粪便排出大量病毒，然后持续排毒直到死亡。对于少数康复猪，持续排毒时间甚至会更长。在地方性畜群中，个别猪有时会成为携带者并时不时地对外排毒，从而导致猪场环境的污染。感染了弱毒株的猪不表现临床症状，但可持续数月排毒。本病可在各猪场间通过引种、泔水饲喂、精液及机械性传播等方式进行传播。其中引进新猪是农场间最常见的传播方式。泔水饲喂也是家庭猪场常见的一种传播方式。该病毒能够在冷冻猪肉中存活数年。家庭猪场和允许泔水饲喂的猪场通常容易感染猪瘟。在集约化养殖的规模养猪场很少进行泔水喂养。

6.3.1 地方性经典猪瘟流行病学

尽管定期接种疫苗，亚洲许多养猪场的猪瘟仍呈地方性流行。在这些地方的农场中，病毒主要在断奶至2月龄之间的保育猪中传播。这个年龄段的猪因被动免疫消失而变得易感，感染猪可排毒至保育栏中。无论母猪是否已接种疫苗，所产的易感猪和潜在易感猪都可能在断奶后转移到被病毒污染的猪舍内。即使农场对断奶仔猪进行常规疫苗免疫，仔猪体内母源抗体的存在也会干扰免疫效果，从而导致一些易感猪的出现。

6.3.2 临床症状

6.3.2.1 **急性猪瘟**

急性猪瘟的暴发始于几头猪嗜睡和食欲不振。随着疾病的蔓延，越来越多的猪开始出现食欲下降等临床症状。此后不久，病猪食欲废绝，高热，直肠温度可达40～41℃，甚至更高。病猪寒战，并且扎堆，以相互取暖（图6.13）。

图6.13　急性猪瘟早期阶段表现为发热、寒战和扎堆现象。猪患病前身体状况良好，表明其发病是突然的。

结膜炎（图6.14）是猪瘟的一种早期症状，一些病猪因眼部分泌物太浓稠，以至于眼睑经常粘在一起。病猪有时便秘，粪便呈颗粒状，类似山羊粪便。有些猪可能会呕吐，呕吐物可能会混有胆汁。

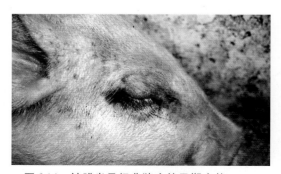

图6.14　结膜炎是经典猪瘟的早期症状。

病猪皮肤潮红，当被迫站立时，可能会弓背站立，后腿略微外展，努力以不稳定的后躯保持身体平衡（图6.15）。

图6.16 急性猪瘟的猪皮肤出现大小不等的出血点，多见于耳朵、鼻子、腹部和四肢。

图6.15 在急性猪瘟早期阶段，耐过猪骨瘦如柴，背呈拱形，后腿外展，以试图保持平衡。这些猪表现出后肢虚弱，步态不稳定。注意观察耳朵、脊柱沿线和四肢的皮肤出血。

在这个阶段，猪步态蹒跚，常后躯摆动。在发病早期，会出现如转圈、不协调和共济失调等神经症状，随后出现抽搐。在发病后期，皮肤会出现大大小小的出血斑和出血点，尤其是在耳朵（图6.16）、鼻子、四肢末端（图6.17）、外阴和包皮等处。

发病猪腹部、鼻子、耳朵和后腿内侧皮肤会出现弥漫性紫红色变化，尤其是在急性死亡病例的早期发热阶段。不管是什么病因，这种颜色变化几乎在所有因毒血症或败血症而死亡的猪身上出现。如何区分因败血症还是因皮肤出血而引起的变色非常重要。尽管后者看起来可能是弥漫性的，但在仔细检查时通常会发现不同形式的出血，范围从出血点到出血斑或大面积的出血不等。有些猪可能会在出现临床症状后

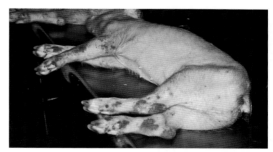

图6.17 急性猪瘟的猪四肢末端有出血斑。此类出血是猪瘟的重要特征，任何时候只要存在此类病变，就有必要怀疑是猪瘟。

的24～48h内死亡，但是在大多数情况下，从厌食症到死亡的临床过程为10～20d。未接种疫苗的母猪发生急性猪瘟时可能会流产或产出虚弱颤抖的弱仔。

亚急性猪瘟的临床症状较轻，病程可能长达30d。亚急性猪瘟的一致特征是食欲不振，精神沉郁，进行性消瘦，步态微弱，某些病例甚至会在死亡前发生皮肤变色。许多亚急性猪瘟的猪也会出现大量的腹泻，粪便呈淡黄色，临床上类似于肠道沙门氏菌病。许多发病猪还会发展为继发性细菌性肺炎。

6.3.2.2 慢性猪瘟

在感染猪瘟病毒发病后30～95d死亡的猪，某些情况下可见到慢性猪瘟的临床症状。最初，感染猪表现出厌食和精神不振，畏寒扎堆等症状。几周后，情况明显好转，病猪食欲恢复。第三阶段，猪再次表现出厌食和精神不振，生长性能受到影响，日增重下降严重。有些猪后肢不稳。患有慢性猪瘟的猪可以存活3个月以上，但最终仍会死亡。慢性猪瘟常见于育肥猪，皮肤没有变色或出血。实际上，除了临床过程的持续时间外，亚急性和慢性猪瘟在临床上几乎没有什么区别。

6.3.3 病理变化

6.3.3.1 急性猪瘟

死于经典猪瘟的猪通常会出现皮肤出血。这是经典猪瘟的一个特征，而且不论什么情况，都不能将其与因败血症致死的猪所产生的四肢变色相混淆。每当出现此类皮肤出血时，首先要怀疑是猪瘟。在剖检时，可能会在看到病猪全身广泛性出血点和出血斑（图6.18）。

图6.18 急性猪瘟内脏广泛性出血。

淋巴结肿大，表面有出血斑，呈大理石样外观，伴有周边出血（图6.19）。有时整个淋巴结呈深蓝色到黑色。全身几乎所有淋巴结都受到影响，其中外周淋巴结如头部淋巴结（图6.20）、腹股沟淋巴结和股前淋巴结受影响最严重，应首先检查。

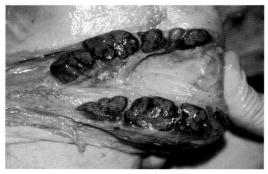

图6.19 急性猪瘟病猪淋巴结的切面呈现典型的大理石样病变和周边出血。

图6.20 头部淋巴结肿大和出血（深草莓色）是急性猪瘟的特征性病变。

肾皮质常见出血点和出血斑，出现所谓的"火鸡蛋"样外观（图6.21A、B）。

急性猪瘟，常见多器官出血（图6.22至图6.24）。

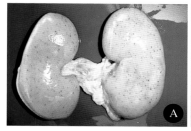 

图6.21 肾皮质的出血点是急性猪瘟的特征性病变。但该病变也可能存在于许多其他败血症中（图6.21A）。肾脏有出血斑（图6.21B）表明发生急性猪瘟或其他抑制血液凝固的疾病（例如抗凝灭鼠剂中毒）的可能性更大。

25%～65%的病例出现脾脏梗死是猪瘟病理诊断的依据（图6.25）。通常，脾脏梗死以各种大小不一的病灶出现，病灶略高于表面，并且常常沿着边缘合并，形成脾脏边缘连续性梗死。

急性猪瘟常可见脑膜严重充血（图6.26A），有时伴有出血（图6.26B）。

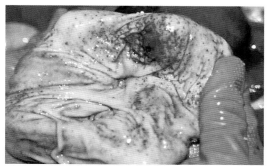

图6.22 急性猪瘟，胃黏膜出血。

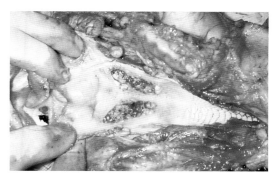

图6.23 急性猪瘟，扁桃体表现出不同程度的炎症，有时可能是出血性炎。继发感染通常导致扁桃体坏死。

图6.25 在脾脏边缘的梗死呈现出黑色隆起的小泡，通常被认为是典型猪瘟的病理学特征。

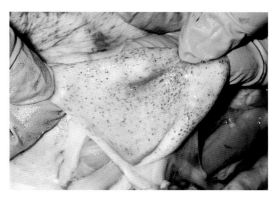

图6.24 患有猪瘟的病猪膀胱黏膜出血。

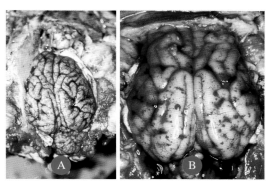

图6.26A 脑膜充血是急性猪瘟的常见病变。
图6.26B 脑膜充血和出血是急性猪瘟的常见病变。

组织学检查，猪瘟的基本病变是血管内皮细胞的水肿变形和增生，导致血管堵塞。在大多数情况下，存在明显的非化脓性脑炎，其中主要病变为血管袖套现象。

6.3.3.2 亚急性猪瘟

亚急性猪瘟，肉眼病变通常不太明显，如不进行仔细地剖检，很容易漏诊。不是所有的淋巴结都会明显肿大或出血。但最常发生病变的淋巴结是头部（下颌、腮腺）、股前、腹股沟和盆腔内的淋巴结。应仔细检查这些淋巴结。在亚急性经典猪瘟中，脑膜血管的充血通常非常明显。即使大脑中没有明显的充血，也应采集组织样本检查，因为许多病例存在非化脓性脑炎的显微病变。

死亡一段时间的猪的脾脏边缘可能呈深黑色锯齿状，这是因微生物分解造成的，不能将其误认为是脾梗死。

脾脏表面未出现任何颜色变化，需仔细分析判断。

尽管猪瘟的典型病变为脾脏边缘梗死，但梗死可出现在脾脏的任何位置。肠道的"纽扣状溃疡"主要出现在结肠，有时盲肠也有，表现为硬的圆形隆起，直径1～2cm，中心坏死。猪瘟时常并发沙门氏菌病。如果存在坏死性结肠炎，则可能并发沙门氏菌病。

在慢性猪瘟中，剖检通常不会发现广泛性出血。淋巴结可能会稍微增大。如果对大量的猪进行剖检，可能会发现

结肠纽扣状溃疡和脾脏梗死。这类猪瘟通常很难现场诊断。

6.3.4 诊断

对于典型的急性猪瘟，可以根据病史、临床症状和剖检变化进行诊断。免疫失败是重要的诊断依据。当大多数患病猪的直肠温度为41～42℃时，应怀疑是急性猪瘟。这些发热的猪有严重的白细胞减少症，白细胞计数低至4 000～9 000个/μL。

对于急性猪瘟，通过大体病变足以确诊。临床诊断需结合脾脏梗死的病理学变化和病史。并非所有的猪都存在脾脏梗死，但如果对足够多的猪进行尸检，通常会发现脾脏梗死。在急性猪瘟暴发时，不难找到大量的猪进行尸检。剖检时，猪瘟死亡猪的病变比感染未死亡的猪更为明显。在猪瘟流行国家，急性猪瘟通常无须实验室诊断，仅凭临床经验就足以确诊。在没有猪瘟的国家或实施猪瘟净化的国家，每次疫情的暴发，实验室诊断至关重要。

对于仅根据临床症状和剖检变化不能确诊的慢性和亚急性猪瘟，需要实验室确诊。实验室诊断方法有病毒分离鉴定、病毒抗原检测等。其中抗原检测可优先采集扁桃体、下颌淋巴结、脾脏和回肠远端等样本制作冰冻切片，进行直接免疫荧光检测。以笔者的经验，扁桃体是最好的样本。送检者可要求实验室进行电子显微镜负染法检查并进行病毒

分离和鉴定。在许多情况下，扁桃体中可能存在大量猪瘟病毒粒子，可通过电子显微镜检测到（图6.27）。

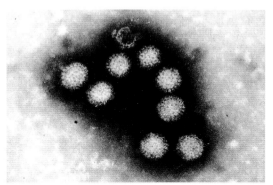

图6.27 电子显微镜负染法观察猪瘟病毒粒子。

6.3.5 控制

一般，没有猪瘟或通过净化措施根除该病的国家应采取严格措施，以防止该病毒的引入。这意味着不能从CSF流行国家进口生猪或可能含有这种病毒的猪肉产品。

猪瘟流行国家多采用减毒活疫苗免疫接种的方式预防控制该病。

猪瘟减毒活疫苗通常分为两种：脾淋苗和细胞苗。脾淋苗是猪瘟兔化弱毒疫苗接种兔后，利用感染兔的血液、脾脏和其他网状内皮组织生产的。一般来说，接种过脾淋苗的母猪，其分娩的小猪若也接种过脾淋苗，会容易引起过敏反应。这是因为脾淋苗外来蛋白（兔组织）含量较高导致的。

C株（最初通过兔体内连续传代减毒）是应用最广泛的猪瘟疫苗。已经证明，C株即使对于怀孕的母猪和新生的

仔猪也是安全有效的。疫苗不仅应具有足够的免疫效力来预防临床疾病，重要的是还应具有控制排毒的能力，从而防止猪群内病毒的污染和传播。

减毒疫苗通常在接种后1周内产生免疫力。研究表明，有些疫苗在接种后4d即可抵抗强毒攻击。

常见的疫苗接种计划：

A.在断奶时同时给母猪及其仔猪接种猪瘟疫苗；

B.7或8周龄的仔猪进行二次免疫；

C.公猪每年进行两次免疫接种。

以上疫苗接种计划适用于健康猪群。对于该病呈地方性流行的猪群，疫苗接种计划应根据流行情况而定。疫苗接种计划应由熟悉农场中猪瘟状况的兽医精心制订。免疫计划可以持续2～3年，养殖户每年至少应对所有种猪群接种2次疫苗，以确保猪群足够的免疫水平。

母源抗体可能是造成许多疫苗免疫失败的原因。一小部分猪在断奶时或断奶后接种疫苗可能得不到保护。因此，应在7或8周龄时对猪进行二次免疫。

有人尝试用超前免疫的方法避开母源抗体的干扰。在新生仔猪摄入初乳之前接种C株疫苗可在10周龄内保护仔猪免受猪瘟强毒的攻击。如果不能较好地控制猪瘟的流行，除常规疫苗免疫接种外，超前免疫是有效的辅助手段。一些农场已采用超前免疫作为控制猪瘟的临时措施，奏效后，有些场恢复了常规的

疫苗接种方案，而另一些场则持续了超前免疫方案。

杆状病毒系统表达的含有猪瘟病毒E2糖蛋白的亚单位疫苗已经研制成功。通过ELISA方法可以检测出潜在的标记物Erns糖蛋白抗体，接种疫苗的猪可以从血清学上与感染了田间病毒的猪区分开来。在需要区分接种疫苗猪和感染猪的情况下，这种技术非常重要，例如在实行猪瘟根除计划的无猪瘟国家。目前，该方法的敏感性较差，限制了其作为群体检测的用途。

在猪瘟流行的国家，亚单位疫苗（"标记"疫苗）不是最佳的选择。作为灭活疫苗，该疫苗不如减毒活疫苗有效。因为该疫苗至少需免疫2次，并且产生免疫保护所需的时间较长，单剂量疫苗接种的猪至少需要2周时间才能产生保护。如果猪在产生免疫保护之前接触野毒，则得不到较好的保护，而且还会排毒。在猪瘟流行地区，疫苗接种后快速产生保护非常重要，所以该疫苗的这一劣势较为明显。另外，即使母猪在妊娠期间接种了2次这种疫苗，在第二次接种后2周内接触野毒，也不能防止猪瘟病毒经胎盘垂直传播。因此，这类疫苗很可能无法预防"母猪带毒"。最后，与减毒活疫苗相比，这类疫苗更为昂贵。

6.4 败血性沙门氏菌病

败血性沙门氏菌病是一种主要由霍乱沙门氏菌引起的12周龄内断奶仔猪的疾病，肠道沙门氏菌病主要由鼠伤寒沙门氏菌引起（第4章）。

6.4.1 临床症状

感染猪烦躁不安，食欲不振，体温升高（高达41.5℃），一些猪出现扎堆现象。在大型养猪场，发生该病的第一个现象就是出现几头耳朵、尾巴和四肢腹侧发紫的死猪（图6.28）。

图6.28　败血性沙门氏菌病死亡猪，相对而言，体况较好，这表明是猝死。

腹泻并不是发病早期的特征性临床症状，但如果发病猪能存活到第3或第4天，则会发展为黄色水样腹泻。感染猪多半在腹泻开始前24～48h内死亡。死亡率很高，但发病率因为某些原因可能很低。康复猪是病原携带者，会通过粪便排菌。

6.4.2 病理变化

死于败血性沙门氏菌病的猪的耳朵、鼻子、尾巴和腹部发绀（图6.29A、B）。

图6.29 因败血性沙门氏菌病死亡猪的耳朵、鼻子（A）和腹部（B）发绀。

病猪很少可见明显的病变，但常伴有多处出血、出血性淋巴结肿大和脾脏肿大（图6.30）。肝脏可见小的坏死灶，有时脾脏也可见坏死灶。肾皮质（图6.31）和心外膜可能有出血点或出血斑，但并不常见。

图6.30 败血性沙门氏菌病病猪脾脏肿大。注意从浆膜表面可见到坏死性结肠炎和结肠壁增厚。

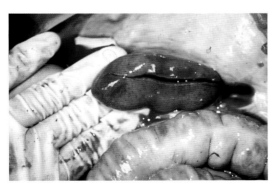

图6.31 败血性沙门氏菌病病猪肾皮质点状出血。注意从浆膜表面可见到结肠病变。

6.4.3 诊断

本病引起的败血症必须与其他因素引起的败血症进行鉴别诊断。不同病因引起的死亡猪的急性败血症在临床上有相似之处，其总体病变类似于猪瘟，所以急性败血症以前被误诊为猪瘟。然而，这两种疾病的临床特征完全不同。虽然两种疾病的病死率都很高，但猪瘟的发病率要高得多。从肝和脾脏及其拭子中分离到沙门氏菌可确诊。除非样本受到严重污染，否则很少需要用培养基进行增菌。在有败血症的情况下，肠道和粪便不是分离细菌的最佳样本。

6.4.4 治疗和控制

沙门氏菌病的治疗和控制在其他章节有描述（见第4章：断奶仔猪的腹泻）。

6.5 猪丹毒

猪丹毒是由红斑丹毒丝菌引起的一种疾病。该病急性病例以败血症和猝死为特征，轻症病例可出现荨麻疹和关节炎。

致病性丹毒丝菌在世界上大部分地区均有分布，但该病原菌可能更适合于碱性土壤地区，在酸性土壤地区很少致病，这可能是东南亚大多数国家很少发生猪丹毒的原因之一。丹毒丝菌可存在于扁桃体和其他淋巴组织中，呈隐性感染。感染猪是重要的传染源，可通过粪便排菌。急性感染猪能够通过粪便、尿液、唾液和鼻分泌物大量排出病原菌而污染猪舍。丹毒丝菌通常也存在于鱼体表的黏液层中，所以该病菌可以通过饲料中被污染的鱼粉引入猪场。已知有多种动物和鸟类携带致病性丹毒丝菌，这些动物可能是潜在的携带者。

猪通常因摄入含有丹毒丝菌的饲料或水而感染。细菌在进入血液之前会在扁桃体和其他淋巴组织中增殖。引起的败血症通常会导致发热，严重时会出现急性临床症状，甚至死亡。然后，病原菌会定植在皮肤、关节、肌肉或心脏瓣膜中，导致慢性感染。猪丹毒也可通过擦伤的皮肤发生自然感染，但不常见。

6.5.1 临床症状

在大多数疫情中，该病主要见于3月龄至上市的猪。因此，最常见的发病群体是育肥猪。有时，青年母猪也可能发病。

急性猪丹毒发病一开始，一只或多只猪突然死亡。其他同群猪可出现明显患病，高热（40～42℃），部分猪皮肤出现弥漫性发红。

感染猪表现为离群、畏寒、喜卧、厌走动，强行驱赶可站立行走，四肢疼痛，步态僵硬。一旦停下，会转移重心以减轻腿部疼痛。若病猪落单，则很快躺下。有些重症猪，即使强迫其站立，也不会站起。多数感染猪出现部分或完全的食欲不振。妊娠期母猪患急性猪丹毒可发生流产。

病原性荨麻疹或"钻石皮肤"病变最早在感染后第2天或第3天出现（图6.32）。

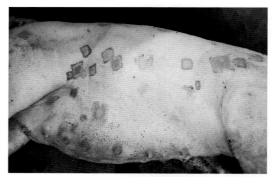

图6.32　荨麻疹又称"钻石皮肤"病变，是猪丹毒的病理诊断要点。图片由JW Lee提供。

出现病变的部位可能很少，也可能多到难以计数。这种病变可以呈现出从紫红色或大红色到浅粉红色不同程度的变化（图6.33）。预后通常取决于皮肤颜色变化的程度（图6.34）。

如果发病猪的皮肤病变为淡粉色到淡紫红色，则多半感染后不会死亡，病变也会在1周内逐渐消失，但猪会脱皮。如病变为暗红色，而且广泛分布于腹部、耳、尾及大腿后部，则预后较差，大部分会死亡。有时，重症猪耐过，其感染皮肤会坏死、发黑、脱落，形成坏疽。

图6.33　猪丹毒引起的荨麻疹皮肤呈鲜红色。该病的严重程度与皮肤颜色变化的程度有关。图片由Love R.J.提供。

图6.34　猪丹毒的预后可以根据皮肤损伤的严重程度来预测。图片底部的猪很可能会死亡，而另外两个可能会存活下来。图片由马来西亚博特拉大学兽医临床研究部提供。

其中耳尖也多半会脱落。

　　亚急性猪丹毒病猪症状较轻，食欲可能正常，可能会出现一些皮肤损伤，但这些损伤非常轻微，很容易被忽略。部分猪可能出现食欲不振，但通常比急性病例恢复得快。

　　慢性猪丹毒可继发于急性、亚急性或亚临床感染。最主要的症状是关节肿胀、跛行。开始时受影响的关节发热和疼痛，随后肿大、变硬。由于屠宰场需进行分割操作，因此关节炎具有重要的经济影响。

6.5.2 病理变化

　　"钻石皮肤"是猪丹毒的病理学特征。其他病变不是该病的特征性病变。在慢性病例中，可见到非化脓性增生性关节炎，累及多个关节。栓塞性病变可见于其他器官，特别是心脏瓣膜上会出现菜花样生长的大颗粒状物质（图6.35）。

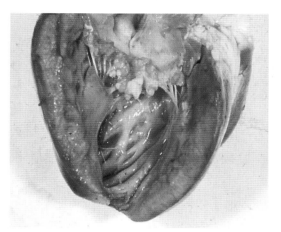

图6.35　慢性猪丹毒病例心脏瓣膜上的菜花样物质。疣性心内膜炎也可见于其他疾病，如链球菌病。

6.5.3 诊断

　　如有特征的荨麻疹或"钻石皮肤"病变出现，临床易于诊断。亚急性猪丹毒的诊断基于临床症状、病理变化以及从心脏、血液、肾脏或关节中分离和鉴定出的病原微生物。

6.5.4 治疗和控制

　　在个体治疗时，青霉素是首选抗生素。丹毒丝菌对青霉素高度敏感，如在急性暴发早期治疗，通常在24～36h内产生疗效。建议每天注射2～3次，以防复发。四环素（200g/t）拌料，有助于控制本病。应激是诱发本病的重要因素。

在猪丹毒流行国家，最好的控制方法是疫苗免疫。目前有灭活疫苗和减毒活疫苗两种。常用的免疫程序是在配种前给后备母猪接种两次，所有繁殖群间隔6个月免疫一次。疫苗免疫的母猪所分娩的仔猪保护期为12周。如果在仔猪生长期出现严重感染，则有必要在12周龄时进行免疫，免疫保护期可持续到出栏。妊娠母猪不接种疫苗。抗生素治疗期间的猪不能使用减毒活疫苗，因为丹毒丝菌对抗生素敏感。在使用减毒疫苗接种之前，抗生素至少停止使用8～10d。东南亚很少有猪群定期接种疫苗，因为这种疾病在该地区并不常见。

6.6 锥虫病

锥虫病是一种由原生动物类寄生虫，尤其是伊氏锥虫感染引起的疾病。这种疾病通常称作伊氏锥虫病，常见于骆驼和马，其他动物如水牛、黄牛、驴、骡，甚至犬和猫都可能被感染导致严重疾病，另一些动物如山羊、绵羊和猪感染则引起轻微临床症状。伊氏锥虫可通过虻、螯蝇机械传播。通常认为猪锥虫病并不重要，因为很少出现猪患病的报道。然而，泰国和马来西亚有猪暴发锥虫病的报道，主要临床表现是不同程度的死亡，尤其是母猪的死亡和流产。该病在雨季

高发。在马来西亚，疫情往往发生在附近有牛群的猪场。在大多数情况下，疫情持续时间很短，其消失的速度与发生一样快，但在某些情况下，可在雨季持续数月。

6.6.1 临床症状

暴发锥虫病的病例大多数主要表现为流产和死亡率的增加，特别是母猪。流产之前通常会发热、厌食和渐进性嗜睡。死亡率有高有低，其中母猪死亡率可高达40%。抗生素治疗无效，流产常常有增无减。最明显的症状（如果有的话）主要是腹侧、下肢和受压部位的皮肤出血（片状、斑状和点状）（图6.36）。如果发病猪耐过，皮肤出血部位多半发展成坏死（图6.37）并脱落（图6.38）。死亡多在猪出现临床症状后的2～8周内发生。

临床病例多见于妊娠期和产仔期母猪。公猪也易感，育肥猪次之，哺乳仔猪和断奶仔猪最不易感。因此，发病率和严重程度与猪的年龄成正比。很多农场主报告说猪场存在螯蝇，叮咬造成猪只极大的痛苦。然而，在多数情况下，他们不会把本病与螯蝇联系在一起，所以需要提醒他们关注。在疫情暴发期间，甚至可以观察到虻叮咬母猪的场景（图6.39）。需采集虻及蝇类样本进行鉴定（图6.40）。仔细检查可能会观察到叮咬处持续性流血或滴血（图6.41）。猪场附近的牛群以及雨季是促使本病发生的风险因素。

图6.36 母猪受影响部位皮肤呈片状、斑状、点状出血。

图6.39 有2只虻叮咬母猪。

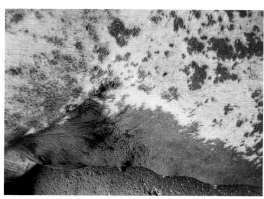

图6.37 皮肤出血并伴有坏死倾向。

图6.40 对于伊氏锥虫，虻是最重要的媒介。采集虻及蝇类样本进行鉴定有助于锥虫病的诊断。

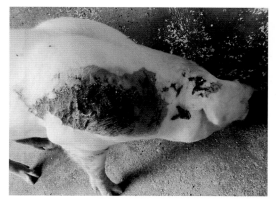

图6.38 皮肤出血并伴有坏死倾向，如果该发病猪耐过，坏死皮肤会脱落。

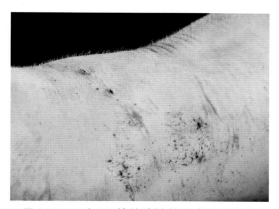

图6.41 一头5月龄的猪被虻叮咬造成多处皮肤刺伤。注意伤口还在流血，说明凝血机制受损。划伤也很明显。

6.6.2 病理变化

大体病理变化类似于一种全身出血性疾病。骨骼肌条纹状出血，实质器官内可见广泛性出血。肝硬化，脾肿大（图6.42）和肾皮质和髓质的多灶性出血。心肌、二尖瓣、输尿管和膀胱有出血斑和点状出血。有时会出现腹水和胸腔积液，血液稀薄。

图6.42　患锥虫病的猪通常脾脏肿大。

6.6.3 诊断

根据临床症状和流行病学特征可初步诊断。需要与经典猪瘟（CSF）和猪丹毒进行鉴别诊断。在CSF流行的国家和常规接种CSF疫苗的国家，如出现流产和不同胎次母猪的死亡，CSF的可能性不大。4月龄以上的猪出现全身性疾病，并伴有荨麻疹性皮肤病变，则更可能是猪丹毒。如对抗生素不敏感，则排除猪丹毒。

临床上可通过实验室诊断进一步确诊。因为寄生虫病多与发热有关，所以可选取临床感染的高热母猪，采集EDTA或肝素（5或10 mL）抗凝血进行虫体检测。取红细胞压积管内血样制备厚、薄血涂片，血浆样本制备薄

血涂片，乙醇固定后用8%姬姆萨染液染色，低倍镜镜检（图6.43）。在采血（或尸检）时，从水样血液特性可以看出血液的低黏稠度。在暗视野显微镜下，可见新鲜血涂片中运动着的锥虫。可接种1 mL EDTA抗凝血至试验小鼠体内以培养虫体，也可通过聚合酶链反应技术来检测虫体。血象和生化检测常可见再生障碍性贫血、血小板减少、肝功能相关酶活性水平的升高和明显的低球蛋白血症。

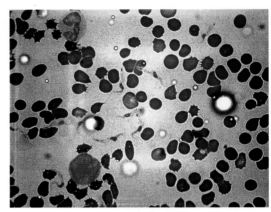

图6.43　在用8%姬姆萨染液制作的血涂片中发现类似锥虫的虫体。图片由Chandrawathani与其同事（怡保兽医研究所）提供。

采集疑似发病猪场中的虻，进行血涂片检测，也能检测到活的锥虫虫体的存在。

6.6.4 治疗

用抗原虫药（如三氮脒）治疗患病猪能在一天内迅速改善临床症状。另一种对锥虫具有杀伤作用的药物是氮氨菲啶，兼有治疗和预防作用。临床上，猪

锥虫病的防治似乎并不重要，因此药物治疗可能更偏重于针对其他动物物种锥虫病的防治，如反刍动物（马、骆驼）和犬，而不是猪。然而，临床经验表明，这两种药物组合使用或单独使用都非常有效。诊断猪锥虫病除了临床诊断和实验室诊断方法外，药物治疗效果的快速显现本身就是强有力的间接诊断证据。三氮脒的商品名为贝尼尔，氮氨菲啶的商品名为沙莫林和锥灭定。药物生产商均未标注这些产品可用于猪，但猪生产实际中经常按牛的剂量标准使用。注意：这并不表示对这些产品的认可，仅反映了作者在使用这些产品时的经验，而这些经验反过来几乎完全受当地市场上商品化产品可用性和便利性的影响。

6.7 非洲猪瘟

非洲猪瘟（African swine fever，ASF）在临床症状和病理变化上与经典猪瘟（CSF）极为相似，但病原却完全不同。非洲猪瘟病毒（African swine fever virus，ASFV）是非洲猪瘟科唯一成员，是独特的有囊膜的双链DNA病毒。疣猪和其他野生猪（如丛林猪和森林巨猪）是非洲猪瘟病毒的无症状携带者。它们是撒哈拉沙漠以南的非洲地区非洲猪瘟病毒的主要携带者。钝缘软蜱，如 *Ornithodoros erraticus* 和 *O. moulata porcinus*，是非洲猪瘟病毒的储存宿主。包括野猪和野生猪在内的猪是唯一对ASFV敏感的动物，

表现出相似的临床症状和死亡率。

在1957年非洲猪瘟传入葡萄牙、西班牙、法国南部和意大利之前，一直局限于在非洲流行。1957年非洲猪瘟在葡萄牙的首次暴发，被认为是由一架来自安哥拉的飞机丢弃在里斯本机场的受病毒污染的食物给猪喂食造成的，这是非洲猪瘟首次在非洲地区以外国家发生。此后，1971年古巴，1978年巴西、多米尼加共和国、马耳他和撒丁岛以及1985年比利时相继暴发疫情。所有的疫情都可追溯到来源于港口或机场的泔水以及随后感染猪的移动。意大利和法国（靠近西班牙边境）的每次疫情均通过紧急扑杀和净化措施得以根除。1960年葡萄牙暴发第二次非洲猪瘟疫情，这次疫情迅速蔓延到了西班牙，而后在葡萄牙和西班牙流行了20多年最终才得以根除。在马耳他、多米尼加共和国和海地，通过扑杀国内所有的生猪才彻底净化了该病。巴西也成功地根除了非洲猪瘟。1971年，古巴发生了一场大规模的ASF疫情，在扑杀大量生猪后于当年成功根除。

格鲁吉亚于2007年首次报道非洲猪瘟，疫情在高加索地区迅速传播。自此，俄罗斯西部、白俄罗斯、摩尔多瓦和乌克兰很快暴发了非洲猪瘟。自2014年以来，几乎所有东欧国家都暴发了非洲猪瘟。目前，非洲猪瘟被认为是高加索地区和东欧地区的地方病。东欧非洲猪瘟主要通过感染野猪的移动、来源于

感染地区廉价的污染猪肉交易和泔水喂养进行传播。2018年9月下旬，比利时出现8例非洲猪瘟病例，至此非洲猪瘟在西欧首次确诊。这引发了人们对非洲猪瘟可能蔓延到西欧其他国家的担忧。野猪种群的参与传播使得根除工作变得更加困难。

2018年8月，中国东北的辽宁地区首次报告了ASF的暴发。尽管采取了扑杀50多万头生猪和禁止生猪在疫区流动等措施，该病在5个月内仍然蔓延到了21个省份，包括大部分主要养猪区。粮农组织的风险评估表明中国东北地区（包括黑龙江和内蒙古）是此次ASFV最有可能的侵入点，因为中国流行的病毒株与俄罗斯、格鲁吉亚和爱沙尼亚的病毒株相似。据统计，中国当时约有7亿头猪，是世界上最大的猪肉生产国。因中国北部、中部和南部地区有数以千计的家庭猪场和大型农场，控制疫情是相当困难和复杂的。

感染猪及污染泔水、猪肉和动物饲料产品是非洲猪瘟重要的传染源。其中，污染猪肉包括旅客携带的污染的猪肉制品。中国暴发疫情后，日本加强了机场和海港的检疫程序。韩国当局也要求对中国游客携带的生猪肉制品进行严格检测。在没有软蜱的情况下，直接接触感染猪或受污染的肉制品被认为是非洲猪瘟病毒的主要传播方式。

在东南亚，养猪密度高、家庭养猪场多、各国边境跨境猪的流入、野猪种群的出没，加上养殖户在报告病例时不太合作的倾向，都增加了非洲猪瘟向该地区传播的可能性。出于同样的原因，一旦非洲猪瘟蔓延到东南亚，非洲猪瘟成为该地区的地方病而持续存在的可能性将非常高。

当前，北美、澳大利亚、新西兰和太平洋岛屿还没有关于非洲猪瘟病例的报告。

6.7.1 传播

非洲猪瘟病毒的潜伏期为4～19d。感染猪在出现临床症状前两天就开始对外排毒。病猪对外排毒持续时间与感染毒株的毒力有关，其中感染了非洲猪瘟弱毒株的猪排毒时间可长达70d。病毒几乎存在于感染猪所有的分泌物和排泄物中（包括唾液、鼻腔分泌物、尿液、粪便和血液）。健康猪因接触感染猪、泔水中污染的猪肉和其他食物而感染。非洲猪瘟病毒可在冷冻和生肉中存活几个月。病毒还可通过人们远距离运输感染的物料而传播。

6.7.2 临床症状

临床上，非洲猪瘟与一些疾病相似，尤其是猪瘟。临床症状因毒株的毒力、感染途径和感染剂量的不同，表现为从最急性到亚临床症状的不同形式。最急性非洲猪瘟的特征是引起所有年龄段动物的猝死，很少有临床症状。急性非洲猪瘟的特点是高热、食欲不振、皮肤出血和高死亡率。慢性非洲猪瘟的特征是呼吸系统疾病、流产和低死亡率。该病的临床病程从急性型的不足1周到慢性型的数周甚至数月不等。死亡率根据病毒的毒力不同而变化,从高毒力毒株的100%的死亡率到低毒力毒株不足20%的死亡率不等。

6.7.3 病理变化

急性死亡的猪可能身体状况良好。但是,经常会出现明显的出血和皮肤变色,尤其是耳朵、腹部和四肢。剖检急性和亚急性病猪,通常可见内脏和淋巴结的广泛出血,但在慢性病例中,这种出血一般很轻微,甚至可能不存在。

在急性病例中,最显著的病变是脾脏,脾脏严重肿大、变黑并伴有梗死(图6.44A、B)。淋巴结出血、水肿,通常为深红色血肿(图6.45)。肾皮质点状出血。胸腔和腹腔积液,心外膜(图6.46)和心内膜(图6.47)有出血点和出血斑,内脏充血和出血(图6.48)。

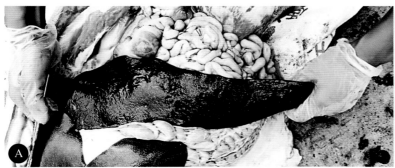

图6.44A 非洲猪瘟急性病例剖检变化:脾脏严重肿大、变黑、易碎。图片由樊晓旭/李锋提供。

图6.44B 脾脏严重肿大、变黑和易碎是急性非洲猪瘟的特征性死后变化。图片由樊晓旭/李锋提供。

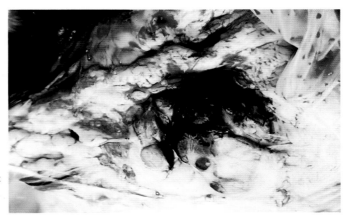

图6.45 典型的淋巴结出血和水肿,是急性非洲猪瘟猪全身淋巴结异常变化之一。图片由樊晓旭/李锋提供。

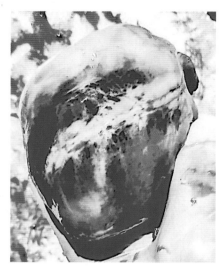

图6.46　在急性非洲猪瘟病猪的心外膜中，经常会发现出血斑。图片由樊晓旭/李锋提供。

图6.47　急性非洲猪瘟时，心内膜也常有出血。图片由樊晓旭/李锋提供。

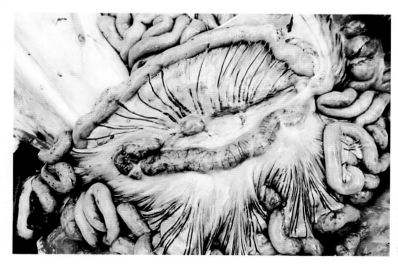

图6.48　急性非洲猪瘟病猪小肠浆膜表面的点状出血和出血斑，伴有严重的充血和肠系膜淋巴结肿大。图片由樊晓旭/李峰提供。

6.7.4 诊断

非洲猪瘟与几种猪的疾病相类似，特别是那些有败血综合征的疾病。最需要鉴别诊断的是猪瘟，这两种疾病的剖检变化非常相似。病毒进入无非洲猪瘟的国家很可能引发疫病的流行。在常规接种经典猪瘟疫苗的猪瘟流行国家，若整个地区暴发类似猪瘟的疾病，几乎所有猪均发病，包括接种了猪瘟疫苗的所有猪，特别是多次接种疫苗的老龄母猪，则应予以高度重视。然而，非洲猪瘟病毒弱毒株感染猪可能不会出现容易诊断的特征性病变。其他需鉴别诊断的疾病包括败血性沙门氏菌病、猪繁殖与呼吸综合征、猪丹毒、锥虫病和其他败血性疾病。由于非洲猪瘟与其他猪病的相似性，因此有必要进行实验室确诊。实验室诊断一般基于感染性病毒、病毒抗原、DNA或特异性抗体的检测和鉴定。

非洲猪瘟病毒的检测方法包括聚合酶链反应（PCR）技术、病毒分离、直接荧光抗体试验（FAT）和酶联免疫吸附试验（ELISA）。

PCR用于检测血液或组织样本中非洲猪瘟病毒的核酸，该技术敏感性和特异性高，可用于不适合其他检测方法的样本（如降解或腐烂的组织）。PCR的敏感性和特异性指数均高于ELISA和FAT。然而，高灵敏度也意味着容易交叉污染，从而出现假阳性结果。

通过红细胞吸附试验或直接荧光抗体试验进行病毒分离和鉴定被认为是诊断非洲猪瘟的金标准，但主要在少数参考实验室使用。建议将病毒分离鉴定作为ELISA、PCR或FAT等其他检测方法的验证技术。

直接荧光抗体试验可检测感染猪组织样本中病毒抗原的存在，该技术在非洲猪瘟最急性和急性病例暴发的早期阶段最为实用。该技术对于亚急性或慢性感染猪的检测不太敏感，在很大程度上已被PCR取代。

ELISA的优点是成本低，不需要专门的实验室设备。适合检测大批量样本，特别是应用于最急性或急性感染群时，可用于大规模的猪群筛选。但是，ELISA的敏感性较低，对亚急性和慢性非洲猪瘟病例的检出率明显较低。

非洲猪瘟抗体的检测不仅对诊断有重要意义，对流行病学研究也有重要意义。血清学检测相对简单，价格低廉，可用于大批量样本的检测。对于非洲猪瘟抗体的检测，推荐采用ELISA进行预筛选，然后通过免疫印迹试验或间接荧光抗体试验进行验证。

6.7.5 预防和控制

目前没有商品化非洲猪瘟疫苗。对于无非洲猪瘟的国家，应全面禁止从感染国家进口活猪和猪产品，以预防该病的传入。所有飞机或轮船上的厨余食物都应该无害化处理。应采取严格的边境安全措施，防止病毒进入。非洲猪瘟病毒可通过家猪和野猪的直接接触、污染动物产品的流通和软蜱叮咬传播。风险最大的国家是那些与感染国家有共同边境线的国家。防止非洲猪瘟扩散到未感染的国家，养殖户和当地动物卫生管理部门间的合作至关重要。以往猪流行性腹泻、口蹄疫、高致病性猪繁殖与呼吸综合征在东南亚的传播表明，东南亚国家非常容易受到动物疾病跨境传播的影响，必须停止所有猪的跨境贸易。必须培训农民，特别是小农户或家庭养猪场的农民，使他们认识到防止非洲猪瘟进入该国的重要性。应禁止泔水饲喂，如果小型农场或家庭农场做不到这一点，则必须将泔水煮沸半小时以上方能饲喂。

野猪或野生猪是一种显而易见的风险因素。在农场层面，必须执行严格的生物安全措施（见第16章）。

当怀疑发生非洲猪瘟时，应立即采取措施以遏制该病的传播。动物卫生健康相关部门应立即重视起来。养殖户需克服不愿与政府部门分享信息的传统观念。有关部门必须与兽医、农场主和其他利益相关者一起制订控制疫情的应急措施。这些应急预案需要提前做好准备，并经过所有利益相关者的同意。

6.8 断奶仔猪多系统衰竭综合征（见第7章）

6.9 猪胸膜肺炎（见第8章）

7 猪圆环病毒病

多年来，猪圆环病毒1型（PCV1）一直被认为是一种非致病性病毒，是猪肾细胞培养中的常见污染物。1991年，加拿大发现了一种能导致断奶仔猪死亡率异常高的新疾病，命名为断奶仔猪多系统衰竭综合征（PMWS）。从这些患有PMWS的猪体内分离出一种新的圆环病毒，其与PCV1不同，被命名为猪圆环病毒2型（PCV2）。之后，这种疾病逐渐蔓延到欧洲和北美，后来又蔓延到亚洲和世界上大多数养猪国家。

除了PMWS，PCV2还与一些综合征或病理有关。这些疾病统称为"猪圆环病毒病（PCVD）"或"猪圆环病毒相关疾病（PCVAD）"。被确认为PCVD的疾病包括：

- 断奶仔猪多系统衰竭综合征（PMWS）；
- 猪皮炎与肾病综合征（PDNS）；
- PCV2引起的繁殖障碍；
- 猪呼吸道病综合征（PRDC）。

经试验研究，仅发现在上述PCVD中，PMWS和繁殖障碍与PCV2有关的论证；PCV2在其他综合征中的作用还存在不确定性。本章仅讨论PMWS、PDNS和繁殖障碍。

7.1 断奶仔猪多系统衰竭综合征（PMWS）

在全球范围内，最主要且影响经济效益的PCVD就是PMWS，事实上，关于PCVD造成的经济影响以及防控措施的讨论，大多数都是关于PMWS的。

PCV2是一种体积很小，抵抗力强，而且无处不在的猪源病毒。回溯研究表明，这种病毒可能早在20世纪60年代就存在了，因为那时零星发生了一些案例，在现在看来很有可能就是PMWS。（断奶仔猪的零星消瘦症状是多种疾病的共同表现，可能会被误诊）。然而，直到20世纪90年代中后期，猪群中暴发了一种引起仔猪断奶后消瘦和死亡的疾病，才被意识到这是与PCV2有关的新的综合征。从那时起，该病已全球流行。因此，PCV2不是一种新病毒，个别猪零星散发的PMWS也不是一种新的疾病，引起大量猪暴发疾病是PMWS一种新的临床表现。

虽然PCV2本身能够引起PMWS，但其他因素，特别其他病毒和细菌等的混合感染，可能会加重PMWS的严重程度。因此，PMWS被认为是一种以PCV2为主要病原的多因素疾病。

在自然感染中，健康猪通过口鼻接触患病猪粪便和尿液中的病毒而感染。虽然可以在实验感染公猪的精液中分离到少量的PCV2，但仍不能确定病毒是否可通过人工授精或自然交配而传播。

PCV2会对病猪的免疫系统造成影响，这可能可以从一定程度上解释PMWS的致病机制。许多研究表明，当PCV2与其他病原体，如猪繁殖与呼吸综合征病毒（PRRSV）、猪流感病毒、猪细小病毒（PPV）、副猪嗜血杆菌、胸膜肺炎放线杆菌、猪链球菌和猪肺炎支原体混合感染时，更容易产生PCV2诱导的PMWS的全部症状。一些病毒（如PRRSV或PPV）和一些油佐剂疫苗会对猪免疫系统产生刺激，更容易使已感染PCV2的猪产生PMWS。目前的证据表明，免疫抑制在PMWS的致病机理中起着关键作用。PCV2感染的主要靶细胞是吞噬细胞，如单核细胞、巨噬细胞和树突状细胞等，这些细胞在抗原呈递和随后激活机体的获得性免疫反应等方面发挥关键作用。PCV2通过Toll样受体与巨噬细胞和树突状细胞相互作用，会干扰先天免疫系统识别"危险"信号的能力，从而导致获得性免疫应答的失调。这意味着PCV2有可能抑制免疫反应。由于免疫系统受到抑制，PMWS病猪通常会出现继发感染PRRSV、沙门氏菌或副猪嗜血杆菌等病毒和细菌的症状。

暴露于PCV2的猪群，可能会出现亚临床症状（即无疾病表现）或PMWS，但尚未完全弄清导致这种差别的确切免疫机制。PMWS可以被认为是一种多因素疾病，需要一些其他因素（免疫刺激、混合感染）诱导最终的暴发。

7.1.1 临床症状

虽然PMWS的发病日龄因猪群而异，但通常6～14周龄是高发阶段（图7.1）。我们通常见到的问题是，健康仔猪尽管在最初阶段食欲正常，但在断奶后逐渐消瘦，伴发苍白、间歇性黄痢、呼吸困难等其他症状，有时还有黄疸。腹股沟淋巴结肿大是常见的特征。病情严重的猪瘦弱，脊椎骨、肋骨和骨盆骨突起明显（图7.2）。

发病率和死亡率有很大的差异。死亡率从5%到40%（极端案例）不等。虽然PMWS通常被认为是影响断奶仔猪的疾病，但在一些猪场，生长育肥猪也会受到影响（图7.3）。

图7.1 断奶仔猪多系统衰竭综合征（PMWS）通常影响6～14周龄的猪。注意栏内那些大量瘦弱、苍白的猪，这里的猪日龄相同。

图7.2　受PMWS影响严重的猪生长发育严重迟缓，消瘦露骨。注意：感染猪的脊椎骨、肩胛骨、骨盆骨和肋骨清晰可见。

图7.3　患PMWS的生长猪。虽然最初PMWS被认为是断奶仔猪的一种疾病，但现在已确认可影响几乎所有日龄段的猪群。

欧洲大规模疫苗免疫试验的结果表明，在被感染的猪场，母猪免疫接种疫苗可以显著改善仔猪断奶前和断奶后生长迟缓和死亡率高的问题。

7.1.2 病理变化

猪只剖检诊断，尸体消瘦苍白，有时会出现黄疸。在很多情况下，腹股沟淋巴结明显肿大，甚至在皮肤切开之前就可以观察到（图7.4）。腹股沟淋巴结（图7.5）和肠系膜淋巴结（图7.6）常常异常肿大。

肺部通常不塌陷，并可能有橡胶样的弹性。间质性肺炎可见明显的小叶间隔增宽（图7.7）。

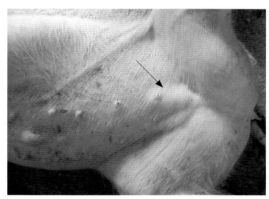

图7.4　患PMWS的猪腹股沟淋巴结明显肿大（箭头）。在严重的病例中，猪场工作人员描述这种肿大的腹股沟淋巴结就像"多余的睾丸"。

图7.5　患PMWS的猪腹股沟淋巴结明显肿大，有时变色。在大多数PMWS病例中，这是一个非常一致的特征，特别是在发病早期。

图7.6　PMWS病猪的肠系膜淋巴结肿大。

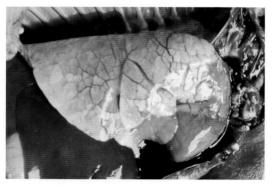

图7.7　患PMWS的猪肺有间质性肺炎，肺不塌陷。注意肺水肿和小叶间隔增宽。

多数病例可见浆液性脂肪萎缩（图7.8）。

最典型的组织病理学病变是淋巴细胞减少，被常见于腹股沟、肠系膜、支气管淋巴结等淋巴组织中的含多核巨细胞的细胞所代替（图7.9和图7.10）。

图7.8　浆液性脂肪萎缩，在一些PMWS病猪中可发现消瘦等病变。

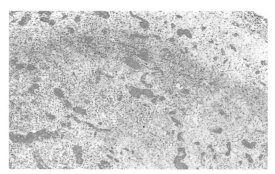

图7.9　PMWS病例的淋巴结中淋巴细胞和淋巴滤泡的数量急剧减少（HE染色，10倍放大）。感谢Ooi PT供图。

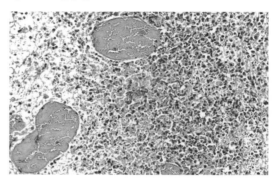

图7.10　PMWS猪淋巴结中，组织细胞和巨细胞混合浸润（HE染色，20倍放大）。感谢Ooi PT供图。

PMWS病猪有一致的肺部损伤病变，即明显的肺间质性肺炎，肺泡间有组织细胞浸润，并混有多核巨细胞和巨噬细胞（图7.11）。

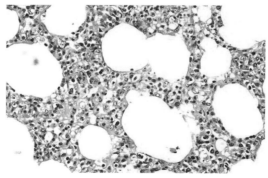

图7.11　PMWS病猪发生淋巴组织细胞性间质性肺炎。肺泡间隔内有上皮样巨噬细胞和多核巨细胞浸润（HE染色，40倍放大）。感谢Ooi PT供图。

7.1.3 诊断

PMWS诊断的标准基于：

- 典型的临床症状；
- 特征性的大体病变与组织病理损伤；
- 病灶内含有大量的PCV2病毒抗原（或DNA）。

上述标准对于没有实验室检测条件的猪兽医而言很难去执行。若临床病例出现典型的临床症状和特征性的大体病变与组织病理损伤，则为熟悉该病的猪兽医提供了足够的诊断依据。如果可免疫商品化疫苗，则疫苗免疫后的效果也可被视为PMWS的确诊依据之一

PMWS的鉴别诊断很重要，因为断奶后仔猪的有许多疾病都以消瘦为主要的临床特征。在亚洲，很少有猪兽医不能区分PMWS和急性暴发的经典猪瘟（CSF）。然而，在经典猪瘟免疫猪群中，一些慢性型CSF病猪会表现出与PMWS病例相似的临床特征（图7.12）。另一种常被误诊为PMWS的疾病是格拉瑟氏病（副猪嗜血杆菌病）。实际上，格拉瑟氏病在感染PMWS猪场的发病率会升高，

图7.12　地方性经典猪瘟被误诊为PMWS。

许多人认为这种情况会出现在PMWS暴发之前。

7.1.4 控制

在商品化疫苗问世之前，为了减少PMWS所造成的损失，控制措施主要基于管理和治疗策略，以减少诱发或加剧PMWS风险因素的影响。因为这些措施可能难以实施，故效果也不一致。

目前，市面上有4种PCV2灭活疫苗。建议对母猪及/或仔猪按照疫苗说明书进行免疫。母猪免疫PCV2疫苗的目的是，通过初乳向仔猪提供获得性被动免疫。给仔猪免疫PCV2疫苗是为了刺激主动免疫。首先，母猪应该免疫接种2次，两针之间间隔3～4周。接下来的疫苗免疫应该在分娩前2～4周进行。仔猪应在3周龄后免疫一次。

仔猪免疫疫苗的时机取决于猪群中该病的发病高峰期，免疫程序应该考虑兽医的建议。PCV2疫苗免疫的效果往往令人印象深刻。

PCV2疫苗成功地控制了PCVD，也平息了关于PCV2在疾病病因中所扮演角色的争论。

7.2 猪皮炎与肾病综合征

在受PMWS影响的猪场，猪皮炎与肾病综合征（PDNS）的发病率经常会随之升高。虽然PDNS被认为是一种PCVD，但PCV2和PDNS之间的因果

关系尚未得到最终证实。然而，在有PDNS病例的地方，猪场也可能出现临床PMWS，但情况并非总是如此。

PDNS的发病率通常较低（约1%或更低），通常只影响保育猪和育肥猪，特征是皮肤病变渐进性发展，开始于小的丘疹，有时类似于昆虫叮咬的反应。这些丘疹先变红到紫色不等，最终逐渐坏死，并结痂。病灶可能融合并扩大（图7.13），也可能缩小并痊愈。

许多猪仅表现轻微的病变且会痊愈，但表现严重病变的猪（图7.14）往往会死亡。

最常受影响的内脏器官是肾脏、淋巴结和肺。腹股沟淋巴结（图7.15）和肾（图7.16）可能会显著肿大。感染猪肾脏皮质层可以看到针尖状或点状出血。

图7.15　PDNS病猪淋巴结显著肿大和充血。

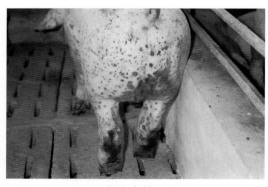

图7.13　PDNS早期的病灶呈黑色，凸起，中心坏死。这些病灶可以融合并变大。

图7.16　PDNS病猪的肾脏肿大明显，肾皮质有点状出血。相对于正常猪扁平的肾脏，肿大的肾脏更趋向于圆球形。

7.2.1 诊断

根据出现特征性的皮肤病变对PDNS进行诊断。对于PDNS病例，因为通常会同时存在PMWS，所以应该做进一步更为详细的检查。在鉴别诊断上，最重要的是与急性经典猪瘟的区分，尤其是对经验不足或粗心的人来说尤为重要。对于熟悉急性经典猪瘟临床症状的养猪生

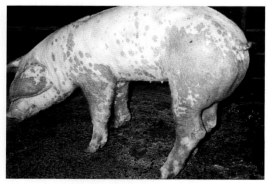

图7.14　感染严重的猪出现PDNS皮肤病变，这样的猪很有可能最终会死亡。

产者或猪兽医来说，分辨这两种疾病通常并不困难。患有急性经典猪瘟且皮肤出现大片出血斑块的猪，通常会精神不振和发热，直肠温度非常高（高达41或42℃）。PDNS猪表现出异常的警觉性，直到晚期也很少出现体温升高的现象。表现严重的皮肤出血的急性经典猪瘟病猪，除了发热症状外，往往也会伴随严重的白细胞减少。对于没有急性经典猪瘟发病史的猪群来说，发病初期快速进行白细胞计数，有助于疾病的早期诊断。

7.2.2 治疗和控制

没有明确地治疗PDNS的方法。由于发病率低，PDNS可能不会造成很大的经济损失。更重要的意义是将PDNS的存在作为猪群中存在PMWS的一个临床判断指标，从而进行更进一步的调查。在大多数情况下，可以尝试进行PCV2疫苗免疫。然而，疫苗免疫对防控PDNS发生的效果并不一致。因此，建议猪场兽医将疫苗免疫作为控制PCVD的方法，而非PDNS，这是因为接种PCV2疫苗后，PDNS可能仍会持续存在，这会让人感觉很沮丧。未能消除猪群中PDNS的临床症状，绝不应该被视为PCV2疫苗免疫失败的标志。

7.3 PCV2感染引起的繁殖障碍

许多试验研究已证明PCV2感染可能导致繁殖障碍。虽然直接感染胎儿的试验表明，PCV2能够在胎儿组织中，特别是在心脏组织中广泛复制，但是否会发生跨胎盘感染还存在疑问。另有试验研究表明，对妊娠后期的母猪进行PCV2人工感染，结果显示，PCV2可突破胎盘屏障，主要在淋巴组织中复制，最终导致流产或早产等繁殖障碍。德国和丹麦大量田间试验的结果表明，接种疫苗后几乎所有的繁殖参数（如断奶发情间隔、产仔数、产活仔数、每窝断奶头数和断奶前死亡率）都有了显著改善，人们才认识到PCV2对繁殖障碍影响的严重程度。丹麦此类试验的数据显示，与实施PCV2疫苗接种之前的数据相比，接种PCV2疫苗的猪群每头母猪每年平均至少多产一头仔猪。现在对于PCV2是否会导致繁殖障碍，已经不存在疑问了，但其影响的严重程度可能因猪场而异。

8 猪呼吸道疾病

8.1 猪地方流行性肺炎

猪地方流行性肺炎（Swine enzootic pneumonia，SEP），又称为猪支原体肺炎，是由猪肺炎支原体（*Mycoplasma hyopneumoniae*）引起的一种具有高度传染性的疾病。该病在世界范围内发生，是公认的最具经济影响力的猪病之一。地方流行性肺炎这一术语通常用于描述因猪肺炎支原体引起并伴有其他细菌性病原体（如多杀性巴氏杆菌、副猪嗜血杆菌、猪链球菌和胸膜肺炎放线杆菌）感染的呼吸道疾病。

尽管试验显示SEP潜伏期只有10d，但在田间很少见到6周龄以下的猪发病。试验证明，感染剂量越高，潜伏期越短。在中等感染剂量下，潜伏期可长达4～6周。因此，在自然条件下，潜伏期可能会更长。猪群密度大，会更加有利于该病的传播（图8.1）。

潜伏期较长以及传播速度较慢是该病在生长育肥猪群有较高流行率的原因。然而，该病的严重程度因农场而异，并且容易受其他致病因素的影响，如生产管理水平、猪群密度和继发性细菌（多杀性巴氏杆菌和胸膜肺炎放线杆菌）感染。在单独感染时，尽管发病率通常很

图8.1　猪群密度高或过于拥挤会加速呼吸道疾病的传播，如猪支原体肺炎。

高，但死亡率很低。SEP主要是对猪场经济（收益）造成影响。猪支原体肺炎主要对饲料转化率和日增重产生不利影响。猪肺炎支原体造成的影响是否主要取决于饲养条件，这已成为该病的争议性话题。

易感猪通常通过与感染猪的呼吸道分泌物直接接触而感染猪肺炎支原体。哺乳仔猪因与母猪接触而感染，断奶后在栏内水平传播给其他猪。大量的猪肺炎支原体和其他病原体可能会在猪场从分娩到育肥的连续性生产模式中传播。同栏猪之间的水平传播使感染在生产系统内持续循环。过去我们一直认为，仔猪出生后不久就会被母猪传染。然而，早期隔离断奶表明，将仔猪在2～3周龄之前进行早期断奶可以防止被母猪传染。

8.1.1 临床症状

主要的临床症状为初期小部分猪群慢性干咳。发病猪更多是在早晨出现咳嗽，尤其是猪群兴奋或活动起来的时候。咳嗽可在农场中传播数周至数月，通常与无饲养价值猪或体况逐渐变差猪数量的增加有关。单一的猪肺炎支原体感染通常很少引起呼吸窘迫。猪食欲正常，无全身性疾病的迹象。最重要的临床症状是断奶重相同的猪之间逐渐表现出生长速度（体况）的差异（图8.2和图8.3）。

图8.2　感染猪地方流行性肺炎的猪生长表现差异明显。

图8.3　生长猪群生长不均一、慢性干咳、发病率高、死亡率低是猪地方流行性肺炎的典型临床症状。

继发性细菌或病毒混合感染导致咳嗽发展为"吭吭"的湿咳，并伴有呼吸困难和活力降低。

8.1.2 诊断

SEP的诊断通常基于临床症状和病理学诊断结果。地方流行性肺炎的临床诊断依据是发病率高，死亡率低或无死亡，疾病传播速度慢，猪表现为慢性干咳和部分猪生长迟缓。

剖检时，病变几乎完全局限于肺尖叶和心叶，并与正常肺组织有明显的界限（图8.4）。病变主要是前腹叶实变，颜色变化由红色到粉红色再到灰色。纵隔和支气管淋巴结可能增大。病灶处脓液的存在指示化脓性支气管肺炎，这主要是由多杀性巴氏杆菌的继发感染引起的。

对于猪肺炎支原体抗体的血清学检测，通常采用阻断ELISA或间接ELISA试验。阻断ELISA更具特异性，而间接ELISA更为灵敏。血清阳转通常发生在感染后3周。抗体倾向于长期存在。生长猪体内的母源抗体一般在20 ~ 50日龄下降。

图8.4　前腹叶实变以及与正常肺组织有明显界限是猪地方流行性肺炎的特征性病变。

8.1.3 治疗和控制

大量的抗菌药物已经被推荐应用到预防感染或降低感染猪群的严重程度。采用策略性和/或脉冲式药物治疗程序。实验室研究表明,喹诺酮类药物、泰妙菌素、泰乐菌素、金霉素、土霉素、林可霉素和替米考星对猪肺炎支原体有效。但更重要的是,在呼吸道感染部位的分泌物中,抗生素能否达到有效抗菌浓度。对猪肺炎支原体无效的抗生素有青霉素、氨苄青霉素、阿莫西林、头孢菌素、多黏菌素、红霉素、链霉素、甲氧苄啶和磺胺类药物。因停用抗生素后,临床容易复发,抗生素治疗效果往往不理想。此外,继发性细菌感染也可能使对支原体有效的抗生素失效。预防感染是减少猪肺炎支原体造成经济损失的唯一有效方法。

一些国家通过生产无特定病原体(SPF)猪来控制猪地方流行性肺炎。SPF猪是通过剖腹产或子宫切除术获得的,以无初乳饲料喂养,并提供其空的清洁栏位。尽管SPF猪的培育对于控制猪肺炎支原体总体是有效的,但仍有一些SPF猪群再次感染。无支原体感染的猪群应远离发病猪群。农场之间的距离不应小于3km。其他有效策略包括优化猪场环境,猪群全进/全出,用药和早期隔离断奶和多点式生产。

多种抗菌药物使用策略可将病原微生物从猪体内清除。例如,每天在种猪场饲料中添加200mg/kg泰妙菌素,连续治疗10d。只要该种猪群生产的仔猪在长达18个月内没有出现特征性病变,就可以证明该农场不存在感染猪群。一种类似的技术是对分娩前1周、哺乳期和断奶后5d的母猪饲喂泰妙菌素。但是,在推荐这种高成本的措施之前,更重要的是评估农场是否具备维持猪地方流行性肺炎阴性的能力。因此,要建立无猪地方流行性肺炎的猪群,就需要采取封闭猪群的策略和严格的生物安全措施,以防止疾病复发。

市场上销售的猪地方流行性肺炎疫苗有一针型和两针型的不同产品。许多因素可能会影响对一针型或两针型疫苗的选择,尤其是疾病的严重程度和猪地方流行性肺炎发生的阶段(即早期或晚期猪地方流行性肺炎)。尽管便利性通常是确定疫苗接种时间以及选择一针型或两针型产品的主要决定因素,但疫苗接种策略应根据猪群疾病的流行病学特点来确定。在疫苗接种期间或之后不久,高水平的母源抗体以及PRRSV感染可能是疫苗免疫失败的原因。因此,血清学监测结果对于确定支原体疫苗的接种时间有指导意义。重要的是要避免在PRRSV血清阳转期前后给猪接种疫苗。有试验证据表明,感染或接种PRRSV弱毒活疫苗会降低支原体疫苗(可能还有大多数其他疫苗,包括猪瘟疫苗)的效果。

疫苗接种不能阻止感染,但可以有效控制咳嗽和肺部病变的严重程度。

8.2 猪呼吸道病综合征

猪呼吸道病综合征（PRDC）一词的出现是为了描述一种由病毒、猪肺炎支原体和多种机会性致病细菌共同作用而引起的综合征。本病可导致呼吸道疾病和15～20周龄的育肥猪生长发育不良。尽管PRDC被广泛使用，但它并不能用于描述某些特定病原感染的诊断结果。由于实验室不能完全确诊这种疾病，因此PRDC一词不可避免地适用于育肥猪的任何呼吸道疾病（图8.5）。尽管最初将PRDC用作育肥猪的一种疾病术语，但后来PRDC被应用于更广泛的领域，包括任何年龄段猪的呼吸道混合感染。

图8.5　由于多种病原体的混合感染，猪呼吸道病综合征（PRDC）已成为育肥猪的呼吸道疾病的代名词。PRDC不是病因诊断的结果。

一些作者更倾向于使用PRDC来描述猪肺炎支原体与某些病毒共感染，比如猪繁殖与呼吸综合征病毒（PRRSV）、猪2型圆环病毒（PCV2）、猪流感病毒（SIV）和猪伪狂犬病病毒，从而导致育肥猪的呼吸道疾病。

已经表明猪肺炎支原体可以加重PPRSV感染引起的肺炎，诱发更严重的临床症状，包括死亡率。最近的研究表明，猪肺炎支原体感染还加剧了与PCV2感染相关的肺和淋巴病变的严重性，增加了组织中PCV2病毒的载量，延长了感染时间，并促进断奶仔猪多系统衰竭综合征（PMWS）的发生。

8.3 肺炎型巴氏杆菌病

由多杀性巴氏杆菌感染肺部而引起的肺炎型巴氏杆菌病，是在地方流行性肺炎晚期以及由其他呼吸道病原体共感染而导致的呼吸系统疾病的常见并发症。通常正常健康猪的呼吸道中存在多杀性巴氏杆菌。利用多杀性巴氏杆菌的纯培养物在猪体内繁殖来诱发肺炎非常困难。即使将大剂量的多杀性巴氏杆菌（*P. multocida*）引入猪的鼻孔甚至是进入气管，呼吸系统也能相当迅速地清除感染，并且半小时内无法再分离出细菌。但是，如果存在猪肺炎支原体（*M. hyopneumoniae*）等病原体共感染导致的呼吸道上皮细胞以及黏膜纤毛受损，那么多杀性巴氏杆菌就可以突破宿主呼吸系统防御体系并继发感染。因此，肺炎型巴氏杆菌病通常是另一种原发性呼吸系统疾病的继发性并发症，最常见的是猪肺炎支原体引起的猪地方流行性肺炎。注意，肺炎型巴氏杆菌病的重要性不可低估。多杀性巴氏杆菌的继发感染迅速导致化脓性支气管肺炎。这种继发性并发症会导致更严重的肺部病变和临床疾病。因此，单纯的猪肺炎支原体感染不会导致猪出现全身性疾病，继发性肺巴氏杆菌病会导致更严重的临床表现。

8.3.1 临床症状

猪可能会出现"吭吭"形式的咳嗽和呼吸困难。（术语"吭吭"是指呼吸过程中突然发生的腹侧接触）。猪食欲不振，有时甚至体温升高。猪经常表现为健康不良。当在生长育肥猪中观察到这种症状时，通常使用广泛性的术语PRDC。尽管大多数猪可能不会死亡，但该病有变成慢性病的趋势。

8.3.2 病理变化

多杀性巴氏杆菌所致肺炎的病变与猪支原体肺炎的病变相似，因为这些病变通常是支原体肺炎病变的并发症。它们通常局限于肺的前腹叶（图8.6）。当挤压实变的肺部时，通常可以在气管腔中看到脓液（图8.7）。

图8.6　多杀性巴氏杆菌所致肺炎的病变类似于猪支原体肺炎（见图8.4）。图中显示化脓性支气管肺炎，原因是多杀性巴氏杆菌的感染叠加在猪支原体肺炎的原发灶上。

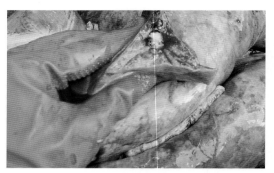

图8.7　在化脓性支气管肺炎病例中可从肺部切面观察到脓液。对巴氏杆菌感染的推定诊断通常基于这种发现。

在更严重的病例中，肺部的脓液和脓肿的眼观病变很明显（图8.8）。

剖检慢性病例，可见纤维性胸膜粘连，使肺粘连在肋骨上（图8.9）。在这样的案例，通常不易诊断出原发病因。

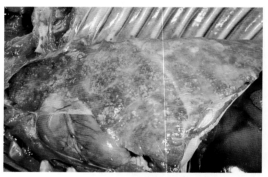

图8.8　在更严重的肺炎型巴氏杆菌病病例中，在肺部组织中可见脓液的存在。

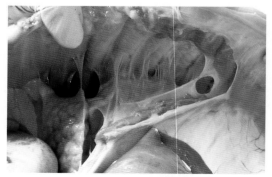

图8.9　化脓性支气管肺炎慢性病例的纤维性胸膜粘连。在此阶段，几乎不可能确定原发性病原。

显微病变可见到渗出性支气管肺炎，支气管腔和肺泡内有大量脓细胞（即中性粒细胞）。虽然这些病变不能将多杀性巴氏杆菌所致的肺炎与其他细菌性肺炎区分开来，但根据合理的推测，可以认为是肺炎型巴氏杆菌病，因为肺炎型巴氏杆菌病是由其他病原体引起的呼吸系统疾病最常见的继发性细菌并发症。

8.3.3 诊断

可以根据临床症状和病理变化做出推测性诊断。基于细菌分离的确诊容易导致误诊。这是因为可以很容易从大多数肺炎病例甚至正常健康动物肺脏中分离出多杀性巴氏杆菌。实际上，如果未经临床诊断就将肺部样本送往实验室，那么肯定能够分离出多杀性巴氏杆菌。

8.3.4 治疗

肺炎型巴氏杆菌病很难治疗。经实验室验证敏感的抗生素在用于治疗动物时可能并不那么有效，主要是因为进入硬化肺组织的药物浓度不够。另外，大多数抗生素在脓液中不是很有效。对养殖者来说，抗生素的选择是一个非常困难的问题。由于抗生素的广泛使用，耐药性也成为一个重要问题。临床上一般采用多种抗生素及抗生素联合治疗的手段。需要注意的是尽管多杀性巴氏杆菌可引起严重的临床疾病，但也必须关注主要的诱发因素（包括管理水平和原发性病原）。在大多数情况下，这也意味着

对猪支原体肺炎的控制。

针对肺炎型巴氏杆菌病的疫苗通常没有效果。给猪接种猪肺炎支原体疫苗可能会更有效。

8.4 猪胸膜肺炎

猪胸膜肺炎是由胸膜肺炎放线杆菌（*App*）引起的，对断奶和育肥猪具有高度传染性、致命性的呼吸道疾病，其特征性病变是纤维蛋白性胸膜炎和肺部梗死灶。该病在世界上大多数地区都有报道。自20世纪80年代以来，本病已成为影响全世界养猪产业经济效益的一种重要疾病。

App 是有荚膜的小杆菌。*App* 至少有12种荚膜血清型。不同血清型之间的毒力差异很大。血清型1、2、3、5和7被认为毒性最强。毒力因子包括荚膜、内毒素和外毒素（包括细胞毒素）。荚膜多糖有助于保护细菌免受吞噬细胞的破坏。内毒素在急性病例中特别重要，在急性病例中，死亡是由内毒素性休克引起的。已有的3种细胞毒素，分别称为Apx I、Apx II和Apx III。Apx I和Apx II具有溶血和细胞毒性，Apx III仅具有细胞毒性。

App 可通过呼吸道途径传播。患病猪或临床康复的带毒猪的肺和扁桃体中携带 *App*，并成为传染源。该病在猪群密度高、通风不良的饲养环境下表现更严重。高毒力菌株会导致高发病率和高死亡率的急性暴发。毒性较低的菌株会

导致肺炎，临床症状轻微或很少出现临床症状。尽管发病率通常很高，但差异很大。同样，由于菌株的毒力和猪群免疫力的不同，死亡率也有很大差异（40%～100%）。在农场急性暴发的案例中，猪胸膜肺炎是一种可以引起高发病率和高死亡率的急性呼吸道疾病。在地方性流行的猪群中，该病引起持续的慢性感染，猪生长速度缓慢，造成严重的经济损失。

尽管*App*可作为原发性病原导致暴发严重的呼吸道疾病，但猪胸膜肺炎临床发病率的升高和严重程度也可能是由于共感染猪流感病毒、猪伪狂犬病病毒、猪肺炎支原体和猪繁殖与呼吸综合征病毒（PRRSV）所致。

8.4.1 临床症状

各个年龄阶段的猪都可能受到影响，在地方性流行的猪群中，该病主要见于2～6月龄的猪。临床表现分为最急性、急性、亚急性或慢性。

在最急性病例中，一头或几头同栏或不同栏的猪突发高热（最高41℃）。发病猪表现精神迟钝，食欲完全丧失。猪死前可表现出严重的呼吸窘迫，张嘴呼吸，并且从鼻子和口中排出带血泡沫分泌物（图8.10）。

鼻、耳朵、四肢及全身的皮肤会变色并呈紫色。有些死亡猪，除了肢体变色外，没有任何明显症状（图8.11）。栏内所有猪不会同时受到感染。通常，栏内

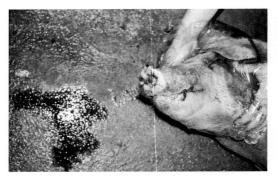

图8.10　猪的鼻子上染有血迹，由于急性胸膜肺炎而突然死亡。注意由于败血症引起的皮肤变色。

图8.11　急性发病时，可能会发现2～6月龄的猪在患病后短时间内张嘴呼吸死亡。注意由于败血症引起的皮肤变色。

的几头猪会出现死亡或全身疾病。随后，每天更多同栏或不同栏的猪受到感染。

急性发病的特点是一些同栏或不同栏的猪出现高热，厌食，精神沉郁，严重的呼吸困难，咳嗽和张嘴呼吸。急性发病可能会导致死亡，或转为亚急性或慢性。

急性发病症状消失后会出现亚急性和慢性感染，并可能以慢性咳嗽的形式出现而没有任何发热症状。康复猪看上去骨瘦如柴、被毛粗乱、食欲不振。一些猪可能会表现出腹式呼吸和张嘴呼吸的明显症状。一些养猪户将剧烈的腹式呼吸描述为"手风琴演奏"。

8.4.2 病理变化

病变主要见于呼吸道。在最急性病例中，鼻腔和气管可能充满了带有血液的泡沫。最急性和急性病例均有特征性的纤维蛋白性出血症和坏死性胸膜肺炎，病变部位常表现为深红色或紫色，有时甚至是黑色的实变区域，几乎总会累及膈叶（图8.12A、B），其他肺叶也可能受到感染。

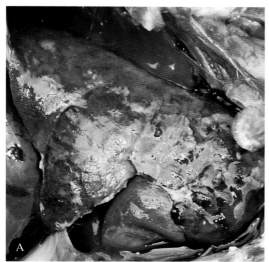

图8.12A　病猪表现为紫色或几乎黑色的肺炎斑块。有纤维性胸膜炎和心包炎。注意胸腔内有积血。

图8.12B　病猪肺脏切面，显示实质深部的病变。

在急性病例中，胸腔可能有带血积液。纤维蛋白性胸膜炎是其特征性病变。胸膜覆盖一层很薄的，通常是暗淡和颗粒状的纤维蛋白（图8.13）。在急性病例中，红色纤维蛋白可能使肺表面黏附在肋骨边缘。如果纤维蛋白层很厚，肺的外观则为淡黄色（图8.14）。小叶间隔常伴有炎性渗出物和纤维蛋白。

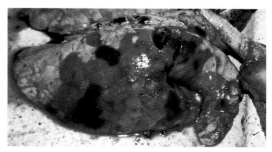

图8.13　死于急性胸膜肺炎的猪的肺部显示出特征性的深色斑块并伴有胸膜炎。当覆盖胸膜的纤维蛋白层很薄时，它看起来像是细沙状颗粒。

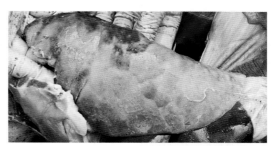

图8.14　死于急性胸膜肺炎的猪的肺部显示出特征性的深色斑块并伴有胸膜炎。当纤维蛋白层较厚时，肺的外观为淡黄色。

有时会出现脓肿样结节，特别是在膈叶（图8.15）。也常见纤维性心包炎（图8.16）。

慢性病例会出现纤维性胸膜炎（图8.17），并且可以看到肺黏附在胸壁上。这些纤维组织附着力非常坚韧并且需要采取一定方法才能将其剥离。

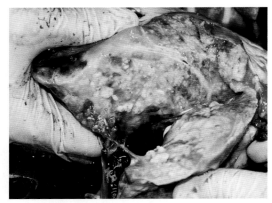

图8.15　病猪肺切面显示脓肿样结节。

图8.16　纤维性心包炎。

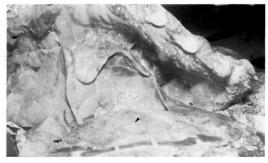

图8.17　在慢性病例中，会出现纤维性胸膜炎，纤维蛋白可能被顽固的纤维组织替代，而这些纤维组织很难去除。

从组织病理学角度而言，这些病变具有很高的提示性，尤其是在最急性和急性病例中。胸膜表面覆盖纤维蛋白，肺泡内也充满纤维蛋白，小叶间间隔扩张。肺脏大部分出现不规则区域坏死或

出血，浸润并被大量退化的中性粒细胞团聚体包围。在慢性病例中，由于继发性细菌感染，病灶的特征性较差，继发性细菌感染往往使猪胸膜肺炎的病灶模糊不清。

8.4.3 诊断

在急性案例中，任何时候育肥猪的突然死亡，并且鼻孔有出血泡沫，都应怀疑是猪胸膜肺炎放线杆菌感染。典型的临床特征，结合胸膜炎、心包炎和特征性肺部病变，可作为确诊依据。可从支气管或鼻腔分泌物和肺炎病灶中分离出病原菌。若无法分离到病原，则可通过ELISA或凝集试验证明细菌抗原的存在。

在大多数病例中，根据特征性的黑斑状的肺部病变，可以做出现场诊断。养猪生产者应该不难发现典型的病灶，因为在急性猪胸膜肺炎病例中并不缺少可用于剖检的猪。

8.4.4 治疗和控制

如果在病程早期给予肠胃外抗生素治疗，通常反应良好。一般推荐使用的抗生素有青霉素、氨苄青霉素、头孢菌素、四环素、黏菌素、磺胺间甲氧苄啶和庆大霉素。最近，已证明诸如喹诺酮类（恩诺沙星、达氟沙星）和半合成头孢菌素类头孢噻呋钠等抗生素对治疗有效。尽管有报道说胸膜肺炎放线杆菌似乎正在对某些抗生素产生耐药性，但有

效的治疗并非总需要使用昂贵、复杂的产品。许多分离菌株仍然对青霉素敏感。与较新发现或研制的抗菌药相比，青霉素的治疗效果较好，成本却比较低。成功的治疗不仅取决于抗菌药的选择，还取决于给药途径（肠胃外）和疾病的早期发现。在疫情暴发的早期，不仅需要给患病猪注射抗生素，更重要的是，同一栏内的其他健康接触猪也使用抗生素。这是因为在有病猪的栏内，其他一些猪可能正在感染这种疾病。请记住，栏内所有猪不会同时生病。因此，用可注射的抗生素治疗栏内所有猪（包括看起来健康的猪），对于缩短和降低暴发期的死亡率非常重要。若农户仅仅利用药物注射治疗病猪，往往几天后会发现同一猪圈中的其他猪也病倒了，这是非常令人不安的。

饲料或饮水给药方式的治疗效果较差，尤其是在患病动物的食欲下降时。在暴发初期采取饲料给药等预防性措施有一定防控效果。注意，饲料或饮水给药与肠胃外治疗相结合会产生更好的效果。改善卫生条件，保持良好的通风和通过接种疫苗诱导猪群产生免疫力是控制该病的基础性措施。尽管有几种疫苗可用，但是免疫保护通常是不完全的，需要逐群评估其成本效益。因为 *App* 有许多血清型，接种针对一种血清型的疫苗可能无法对其他血清型提供保护。因此，确定流行国家或地区的菌株血清型非常重要，以便可以对猪群接种包含所有血清型抗原成分的疫苗。两种主要的疫苗是灭活菌苗和亚单位疫苗。亚单位疫苗包含类毒素和外膜蛋白等成分。所有疫苗均按 2 头份接种。接种时间很重要，应在猪失去母源抗体时接种疫苗。疫苗的使用应根据制造商的说明书进行。

农场应对引种采取严格的措施。只能从没有猪胸膜肺炎的猪场购买猪，因为新引入猪可能使农场暴发猪胸膜肺炎（或再次暴发）。农场一旦发生猪胸膜肺炎，就很难根除。有效的控制措施可能使猪不会表现出临床症状，猪看起来比较健康，但实际上猪胸膜肺炎的复发非常普遍。

据报道，一些国家的猪群已经实现了猪胸膜肺炎放线杆菌的净化。净化猪胸膜肺炎放线杆菌涉及对血清反应呈阳性的动物进行检测和剔除的措施，同时采用群体给药的方式来防止水平传播。尽管有成功的案例，但失败的案例也有很多。

8.5 萎缩性鼻炎

萎缩性鼻炎（AR）是以小猪打喷嚏，有时猪还会出现明显的上腭缩短和口鼻部偏离为特征的临床综合征。在做口鼻切片时，可以观察到鼻甲不同程度的萎缩，可能会出现鼻中隔变形。大多数养猪国家都报告发生过萎缩性鼻炎，并且认为萎缩性鼻炎是具有重要经济意义的疾病之一。但是，不同养殖者对经济影响的评估有所不同。尽管一些报告表明严重的临床表现会导致猪的生长速度下降，但有的生产者报告说萎缩性鼻炎可能对生产没有显著影响。

萎缩性鼻炎的病因很复杂。过去关于萎缩性鼻炎的病因学存在一定分歧，尤其是在疾病名称方面，有些人试图以不同于萎缩性鼻炎的进行性萎缩性鼻炎等术语来对病因进行定义。这种病因学上的区别使养猪生产者感到困惑。以下介绍可能会有帮助。从理论上讲，萎缩性鼻炎可能是由任何会导致鼻甲受损的物质（传染性或非传染性）引起的，尤其是在幼龄猪中。感染因子包括支气管败血性波氏杆菌，甚至包括包涵体鼻炎病毒在内的病毒。然而，在田间，我们所知道的萎缩性鼻炎实际上是一种疾病，尽管可能存在其他诱发因素，但主要病原体是产毒多杀性巴氏杆菌。至少对于养殖者而言，理论上或实验中导致萎缩性鼻炎的其他原因并不重要。因此，在本章中，不会尝试将萎缩性鼻炎视为进行性或非进行性疾病。

引起萎缩性鼻炎的产毒多杀性巴氏杆菌能够产生一种毒素，该毒素在被吸收时会损坏鼻甲的骨骼，并可能导致鼻骨重塑，从而导致鼻子变形或扭曲。变形的鼻子很容易被识别为萎缩性鼻炎的特征性症状。尽管正常健康猪的呼吸道中可能存在多杀性巴氏杆菌，但多杀性巴氏杆菌在没有其他诱发因素的情况下很难大量定殖在鼻上皮并引起临床疾病。

最常见的诱因是支气管败血性波氏杆菌，它很容易在鼻腔内定殖，但本身不会对鼻甲造成严重损害。支气管败血性波氏杆菌对幼猪的鼻黏膜造成的主要但相对较轻的损害则有利于产毒多杀性巴氏杆菌定殖。在这种情况下，可能会导致严重的鼻甲萎缩。当感染发生在鼻甲骨最终生长完成之前（即4周龄之前）时，鼻甲萎缩更为严重。鼻子变形或扭曲是受损骨骼生长不均的结果。当在鼻甲骨化后发生感染时（即软骨变成骨时），鼻子可能会向外保持正常形状，然而鼻甲可能会受到严重破坏。因此，基于可见的口鼻部变形获得的萎缩性鼻炎的临床发病率低于通过检查鼻甲做出评估的实际发病率。

8.5.1 临床症状

在受感染的仔猪中表现的第一个症状是打喷嚏。当仔猪只有1周龄时，可以观察到这些症状。猪打喷嚏的日龄通常为1~8周龄。打喷嚏可为轻度或重度。由于泪管阻塞可能会导致剧烈的打喷嚏。有时候，泪斑会沿着眼泪的路径积聚，在眼角内侧下方形成褐色或黑色的斑迹。随着年龄的增长，颜色会加深。因此，在育肥猪中颜色更明显。（这些斑迹是永久性的，即使在年纪较大的母猪中也可以看到）。可以通过计算带有此类斑迹的猪的百分比直观地估算出农场中萎缩性鼻炎的发病率。长时间或剧烈打喷嚏后可能会导致鼻出血（图8.18）。

图8.18 鼻子变短，鼻出血和眼下泪痕是萎缩性鼻炎的常见症状。图片由Choo PY提供。

口鼻部变形最常见于2～5月龄的猪。鼻腔的骨骼可能受到不同程度的影响。如果两侧的损害大致相等，则猪的鼻子会变短，在吻突后面会出现额外的皱褶，并且下颌伸出（即长于上颌）（图8.19）。如果一侧的损害更严重，则鼻子会变形、扭曲（图8.20）。

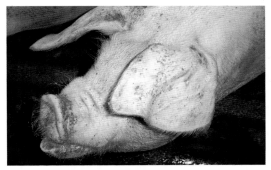

图8.19 萎缩性鼻炎猪的下颌较长和吻突后的皱褶可证明其鼻子缩短。

图8.20 猪萎缩性鼻炎的口鼻部变形。注意眼睛下方有深泪痕。

在亚急性病例中，打喷嚏可能是短暂的，几乎看不到临床表现，但在屠宰时可能会发现鼻甲萎缩。这种亚急性病例最常见，直到仔猪断奶后才表现出症状，主要是生长迟缓。

8.5.2 病理变化

最显著的病变是鼻甲骨萎缩（尤其是腹侧鼻甲骨）、隔膜的变形和鼻子扭曲。病变的严重程度可能有所不同（图8.21）。

在急性病例中，伴有黏液胶质渗出物的鼻炎可能很明显。在简单的病例中，肺通常没有病变。

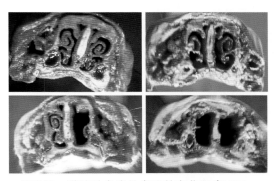

图8.21 萎缩性鼻炎的鼻甲的变化程度不同。

8.5.3 诊断

根据仔猪严重打喷嚏和鼻子弯曲的典型临床症状，可进行临床诊断。但是，断奶后发生感染的猪可能会出现鼻甲萎缩而鼻子不扭曲。因此，在这样的农场中，根据口鼻部外观扭曲评估临床发病率可能往往偏低。确定眼睛下方有深泪痕的育肥猪的比例是一种更好的临床评估方法（图8.22）。

图8.22　萎缩性鼻炎的临床发病率可以通过评估眼角内侧有深泪痕的生长肥育猪的比例来粗略估计。

在屠宰或剖检时，可通过在第1个前臼齿位置处横向锯割鼻子来检测鼻甲骨萎缩（图8.23）。

图8.23　图示患有萎缩性鼻炎的猪，在其第1个前臼齿（大约在嘴唇的接合处）处观察鼻子，最容易看到鼻甲骨的变化。注意眼睛下方有深棕色泪痕。

从鼻拭子中培养出产毒多杀性巴氏杆菌并证明毒素的存在是监测疾病常用的方法。

8.5.4 治疗和控制

如果尽早使用抗生素防治支气管败血性波氏杆菌和多杀性巴氏杆菌感染，则萎缩性鼻炎的发生将大大减少。一种方法是在仔猪出生至断奶期间多次注射抗生素如在3日龄、10日龄和3周龄注射土霉素、阿莫西林、头孢噻呋、恩诺沙星、青霉素/链霉素或磺胺甲氧苄啶，可控制临床发病。这样的程序通常是成功的，但也可能很费力。在母猪分娩之前，也可以在饲料中添加抗菌药（如磺胺嘧啶400～2 000mg/kg或土霉素400～1 000mg/kg，对母猪保健约1个月。还可以在断奶后猪的饲料或饮水中添加抗生素进行治疗，对于仔猪应持续至少5周，对于母猪应维持至少4周。

8.5.5 疫苗免疫

为了提高疫苗免疫的防治效果，疫苗应包含支气管败血性波氏杆菌的抗原，更重要的是应包含多杀性巴氏杆菌的类毒素。母猪接种疫苗后通过初乳为仔猪提供免疫力是保护易感猪群的首选方法。应遵循疫苗制造商建议的疫苗接种时间。所有种母猪应在4周的间隔内（如分娩前的6周和2周）接种2次疫苗，然后在以后的每次分娩前约2周进行疫苗接种。

已经表明，通过ELISA和PCR技术，检测、清除产毒多杀性巴氏杆菌的携带者，可以将萎缩性鼻炎从受感染的猪群中根除。

8.6 猪流行性感冒

猪流行性感冒（SI）也称猪流感，是

由甲型流感病毒引起的高度传染性的呼吸道疾病。甲型流感病毒能够感染不同物种，如鸟类、人、猪、马和水生哺乳动物。有关猪流感的人畜共患病方面，请参阅第14章。

猪流感的暴发通常发生在农场引入猪只后。在气候寒冷的国家，猪流感每年在冬季暴发。猪流感也可以作为亚临床疾病而存在。

8.6.1 临床症状

在经典猪流感暴发案例中，几乎整个猪群都会突然出现严重的临床表现。在一两天内，几乎所有猪群都出现咳嗽、呼吸困难、鼻和眼有分泌物、发热和虚脱的迹象。患病猪发热，温度高达41℃。猪群可能发病严重，以至于猪即使被驱赶也可能一动不动。康复与发病一样迅速。到第7天左右，几乎所有猪都会恢复进食。死亡率通常很低。该病对成年猪的影响较为明显，使上市日龄推迟1～2周。

继发性细菌并发症导致的肺炎可能使病情更加严重。

有些母猪可能会流产。流产更多是由高热而不是病毒引起。

感染也可能是亚临床性的，这种情况仅在检测血清学抗体时才被发现。

8.6.2 诊断

在急性案例暴发中，如果突然出现流感样症状的疾病，从而影响很大一部分猪群，则应怀疑是猪流感。猪出现几乎与人感冒症状相同的咳嗽、打喷嚏、鼻腔和眼部出现分泌物的临床症状，提示该病的发生。

在地方性流行猪群和亚临床感染案例中，临床症状并不明确，可以通过血凝抑制（HI）试验和ELISA检测抗体来进行诊断。

可以通过发热猪（即在临床疾病的早期阶段）的鼻拭子分离病毒来确诊。

8.6.3 治疗和控制

该病只能采用保守疗法。可能需要使用解热镇痛药来控制发热，并使用抗生素来预防继发性细菌感染。由于患病猪食欲废绝，因此必须采用饮水给药方式治疗猪。

在欧洲和美国，建议对猪群接种猪流感疫苗，间隔3周，分2次接种油佐剂灭活疫苗。疫苗通常是含有H1N1和H3N2亚型的二价疫苗。仔猪通过初乳获得的母源抗体可能会在2个月内影响疫苗的接种效果，因此在10周龄时对猪进行首次疫苗注射。母猪在配种前接种2次疫苗，以后每6个月加强免疫一次。在亚洲，除日本和韩国外，疫苗并未被使用或没有被广泛使用。

8.7 格拉瑟氏病（见第6章）

8.8 肺线虫病（见第13章）

8.9 圆线虫病（见第13章）

8.10 猪繁殖与呼吸综合征（见第10章）

9 猪皮肤病

9.1 哺乳仔猪皮肤病

上皮发育不良

上皮发育不良的仔猪出生时就伴有皮肤缺损（图9.1），白色和有色品种的猪都可能出现这一情况。该病是一种单基因常染色体隐性遗传病，病变可见于任何部位，局限在一个大区域或者是几个小区域内。病灶表现为无毛、创面新鲜、边界清晰的充血区域，表面仅覆盖一层透明的鳞状上皮。病变区域易出血，养殖者可能将其误认为是母猪造成的伤害。

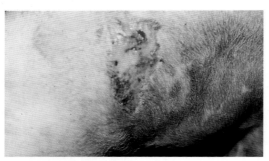

图9.1　4月龄的仔猪发生上皮发育不良。上皮发育不良是一种具有遗传性的先天性疾病，仔猪出生时就伴有皮肤缺损。患处通常创面新鲜，容易出血。皮肤上有小块缺损的猪可以像上图中仔猪一样存活并茁壮成长。

9.1.1 治疗和控制

面积较小的损伤可以通过疤痕组织愈合。避免继发感染十分重要，尽管在实际生产活动中很难做到这一点。如果病变范围较大（图9.2），则仔猪在出生几小时或几天内就可能因细菌感染而死于败血症。

图9.2　图中有一头上皮发育不良的仔猪。有如此大面积皮肤缺损的仔猪很可能因败血症而死亡。

坏死杆菌病（坏死性口炎、面部脓毒症）

该病常发于哺乳仔猪，通常是由于细菌（如坏死杆菌、链球菌和猪疏螺旋体）感染皮肤伤口引起的。当病变发生在眼睛下方的脸颊部位时，被称为面部脓毒症。病变刚开始见于仔猪在打斗过程中因尖锐牙齿造成的撕裂伤口，当这些伤口被感染时，会形成棕色或黑色的硬痂（图9.3）。在大多数情况下，这些病变只是看起来不美观，实际上并不严重。

图9.3 面部脓毒症常见于眼睛下方的脸颊上，形成深棕色或黑色的硬痂，这是猪打架咬伤感染的结果。为降低这类病变的高发病率，需要在仔猪出生后不久后正确地给仔猪剪牙。

病变偶尔也会累及猪的嘴唇、牙龈和舌头等部位，此时情况更为严重，称为坏死性口炎（图9.4）。在这种情况下，病变部位会散发一种十分难闻的气味，并伴有口腔和舌头部位严重坏死和蜕皮。

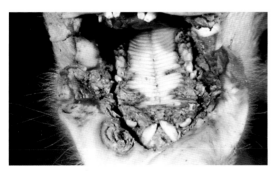

图9.4 涉及牙龈、牙齿和硬腭的坏死性口炎是口腔坏死杆菌病的一种更为严重的情况。

9.1.2 治疗和控制

对于硬痂可以使用双氧水、聚维酮碘或其他常用的消毒防腐剂进行去除和清洗，也可以使用抗生素软膏处理。然而，在大多数情况下，特别是在面部脓毒症的情况下，最好不去处理，因为它

们通常可自愈。严重情况下，可注射抗生素青霉素/链霉素3～4d。

治疗无法从根本上解决问题，因为同窝仔猪之间的打斗是不可避免的，而且这是仔猪在同窝内建立社会等级秩序的行为之一。因此，控制坏死杆菌病的最实用的方法是在仔猪出生后尽快剪除尖齿（侧切齿和犬齿）（图9.5）。

图9.5 正确给仔猪剪牙是预防乳腺炎和坏死杆菌病的有效方法。

若剪牙操作不当，则会留下多处锋利的锯齿状边缘，在仔猪的打斗中成为更危险的武器。此外，还应特别注意产房的卫生。当面部脓毒症和乳腺炎发病率同时较高时，这一点尤其重要，因为乳猪未剪牙或剪牙不当以及产房卫生条件差是这两个问题的共同诱因。

皮肤坏死

在大多数养猪场，均可以看到由于坚硬的粗糙混凝土地面造成的皮肤坏死，主要见于膝盖、球节、跗关节、肘部和蹄冠等部位，其中膝盖是最常见的损伤部位。损伤在仔猪出生后不久就开始出

现，几天内就可见局灶性皮肤坏死区域，1～2周内即可达到其最大损伤面积（图9.6）。

随后创伤开始愈合，并在3～4周内完全愈合。通常这些病变并不严重，很少会发展到累及膝关节的阶段，除非地面异常粗糙且栏舍的卫生状况极差。

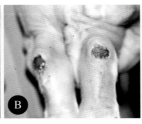

图9.6 影响哺乳仔猪膝盖（A）和跗关节（B）的皮肤坏死通常比严重的皮肤坏死（C）更不美观，也更能说明地面粗糙，造成猪皮肤摩擦程度严重。

仔猪的乳头或尾巴坏死始见于出生后几小时（图9.7），其中前排乳头更易受到影响。最初仔猪乳头发红或呈淡黄色，几天后随之出现坏死，形成黑色或棕色结痂。坏死部分最终会脱落，导致盲乳。如果这些动物为肉用，则这种情况的影响可能不大；但如果是种用，一旦该病的发病率较高，后备母猪的选择就会受限。

该病通常无须治疗，但此类病变的高发病率意味着地面太过粗糙，需要改善。

混凝土地面的猪场发病率更高。更换摩擦较小的地面材料，如橡胶垫或涂塑网，可降低该病的发生率。如果猪场由于经济原因无法做到，则应提供松软的垫料。

渗出性皮炎（猪油皮病）

该病由猪葡萄球菌引起，多发于1～6周龄的仔猪。打架斗殴、地面磨擦或刮伤、感染疥螨导致的皮肤外伤等，是本病的重要诱发因素。

在大多数猪场，该病零星散发，只有少数猪受影响，发病率通常较低。该病不会造成重大的经济损失。通常一窝仔猪中的一只或多只感染发病，死亡率为20%左右。在极少数情况下，发病率可能高达80%（图9.8）。在患病初期，患猪皮肤发红，被毛呈棕褐色。黑褐色的皮肤渗出液慢慢开始积聚，很快皮肤就会看起来潮湿而油腻（图9.9）。

图9.7 仔猪出生数小时后开始出现乳头（A）和尾巴坏死（B）。乳头坏死会形成盲乳，如果患猪是公猪或不打算用于繁殖，则不会带来经济损失。

图9.8 猪油皮病不同发病阶段的仔猪。通常大约有1/3或更多的仔猪会受到影响。在上图中，这一窝仔猪和其他窝的大多数仔猪都受到了影响，其诱发的原因是疥癣，在分娩前对妊娠母猪注射伊维菌素可以有效解决该问题。

图9.9 具有渗出性皮炎或猪油皮病特征性病变的猪。在急性期，患猪的皮肤显得潮湿而油腻。

患猪被毛十分油腻，但很快变干，杂乱无光（图9.10）。后期皮肤表面出现结痂，四肢经常受到蹄冠和蹄踵糜烂的影响。尽管试验表明该病的潜伏期只有10d，但在小于6周龄的猪很少见到该病发生。

在大多数情况下该病仅偶发，且只涉及少量的猪，但大量猪暴发该病的情况也确有发生。该病的暴发通常与疥螨、坏死性口炎（见坏死杆菌病）或因皮肤与地面摩擦而导致的皮肤坏死有关。

图9.10 经过一段时间，猪油皮病的病灶变得干燥，被毛杂乱无光。

有报道称油皮病患猪常同时存在坏死性口炎，推测这两种疾病可能是同一因素诱发的结果（即未剪牙或剪牙不当的仔猪相互斗殴）。

因该病具有特征性外观，所以临床诊断基本不是问题，且往往无须进行细菌分离鉴定。

9.1.3 治疗和控制

在发病早期阶段，注射抗生素（阿莫西林、氯唑西林或庆大霉素）可能有助于减轻病情，患处也可使用局部皮肤消毒剂进行治疗，如沙威隆（Savlon）或聚维酮碘。该病发病率较低时，不会造成很大的经济损失，而且通常不值得花费时间和精力对病猪进行治疗。此外，因为治疗措施并不能改善病猪的生长速度，所以治疗效果也不尽如人意。

在涉及大量猪暴发该病的情况下，确定导致皮肤创伤的诱因非常重要。必须强调的是，在多窝猪都暴发该病，且确定病原为细菌（猪葡萄球菌）的情况下，首要的问题往往并不在于细菌本身，而是导致仔猪皮肤损伤的原因。确定病变最先出现在身体的哪个部位可能有助于确定诱发因素。在多数情况下，诱发因素可能是患有疥螨的猪在墙壁上或其他粗糙物体表面上摩擦导致的皮肤损伤。在某次疫情中，兽医认为诱因是耳标钳受到了污染，因为在这个病例中，病变首先出现在耳朵处。因此在疫情暴发时，对兽医来说，与其建议注射哪种抗生素，不如花点时间与养殖者一起找出诱发因素。其他要考虑的因素包括剪牙操作不当、地面易于擦伤及产房卫生状况不良等。在猪群出现猪油皮病和坏死杆菌病时，如果过度关注于导致两种疾病的病原菌，则可能忽视引起问题的真正原因。

血小板减少性紫癜

该病是由于哺乳仔猪通过初乳从母体中获得了抗自身血小板的抗体引起的，这些抗体能引起仔猪血小板的凝集，从而导致血小板数量的下降。因此，患病猪有凝血功能缺陷。这种情况仅发生在年龄较大母猪的窝仔中，因为该病需要母猪至少2次与同一公猪交配才会出现。

在这类病例通常会注意到的第一个症状是一只或多只明显健康的仔猪在2周龄左右突然死亡，患病仔猪全身皮肤出血（图9.11），抓痕明显，黏膜苍白。越大越强壮的仔猪（吮吸初乳最多的仔猪）受到的影响越严重，而哺乳母猪却没有生病迹象，而且其他幼崽不受影响。

剖检可见病猪体腔内及各器官都有严重的出血（图9.12）。

相关母猪应该淘汰或之后禁止与同一头公猪交配。

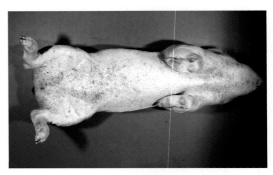

图9.11　血小板减少性紫癜仔猪表现出皮肤出血。图片由Love RJ提供。

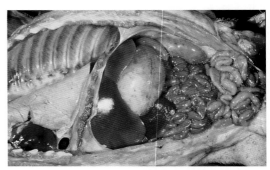

图9.12　剖检血小板减少性紫癜患猪，可见明显的内脏和体腔出血。

9.2 断奶仔猪皮肤病

玫瑰糠疹（假癣）

该病的确切病因未知，目前认为是一种遗传病或与遗传因素有关。该病长白猪更为常见，但不具有传染性，多见于10～14周龄的断奶仔猪。病变开始表现为带有褐色结痂的小丘疹，通常出现在腹部、腹股沟和大腿内侧。病灶离心扩散形成环形病灶，边缘隆起呈红色，中心正常愈合（图9.13）。

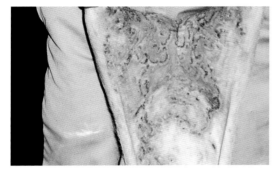

图9.13　玫瑰糠疹的愈合病灶。

　　两个或两个以上的病灶可能合并形成一个大的不规则的镶嵌样病灶，并可延伸至两侧和会阴部（图9.14）。

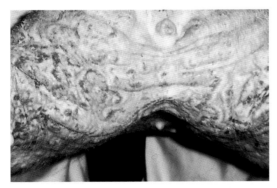

图9.14　玫瑰糠疹的病变可能累及会阴部。

　　病变区域的被毛通常不会脱落，而且即使在最严重的病例中也很少见到瘙痒现象。该病通常持续4周左右，随后丘疹逐渐消退，皮肤慢慢恢复正常。有时病变可能会扩散到猪的背部和躯体两侧（图9.15）。

　　虽然该病通过外部观察很容易辨认，但要注意与癣的鉴别诊断，发病率可以作为鉴别诊断的指标之一。玫瑰糠疹只

图9.15　玫瑰糠疹的病变甚至可能扩散到猪的背部和侧面。这种情况较罕见。

感染单头猪，不具有传染性。因此，如果不止一头猪出现类似的病变，则更有可能是癣。取癣病灶处病变组织，可以在实验室分离到皮肤癣菌。大多数玫瑰糠疹病例是散发性的，单头猪发病，通常很少或不影响猪的生产性能。我还没见过一个没见过瑰糠疹病例或不准备接受猪场有玫瑰糠疹这种病的养猪人。因此，诸如活组织检查之类的实验室检测既没有必要，也没有效益，养殖户也不感兴趣。

　　对于该病无有效治疗手段，也没有治疗的必要，因为大多数病例最终会完全自愈。在发病率较高的猪场，因病变类似于癣，通过检查患猪是否具有共同的父本或重复检查有助于与癣进行鉴别诊断。

猪痘

　　该病由病毒感染引起，通常通过直接接触传播，当猪皮肤有外伤会更易感。虽然猪虱被认为是猪痘的主要机械传播媒介，但在没有虱流行的猪场，也可能

存在猪痘。如今规模猪场中虱十分少见，亚洲大多数流行猪痘的规模猪场中都没有虱。虽然苍蝇和蚊子也可以作为机械传播媒介，但皮肤有外伤的猪与感染猪之间的直接接触才是最重要的传播方式。各个年龄段的猪都可以感染，但发病率最高的往往是保育猪。

大多数猪在3周左右就会康复。皮肤病变多见于背部、躯体两侧或腹部及大腿等部位。开始为丘疹，然后发展成小水疱（图9.16）。

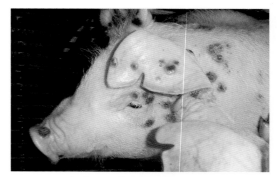

图9.17　患猪痘的猪身上的丘疹和结痂。

的猪。猪痘是一种相对温和的疾病，除非并发细菌感染，否则病变主要局限在皮肤上。通过发病率和患病猪的典型症状很容易诊断，但应注意与疥螨病的鉴别诊断。单纯的猪痘并没有瘙痒症状，这一点很重要。如果对诊断存疑，可以采样（如收集痂皮），处理后在电子显微镜下观察。猪痘病毒是一种大型病毒[(300 ～ 450) nm × (176 ～ 260) nm]，很容易通过电子显微镜观察到（图9.18）。

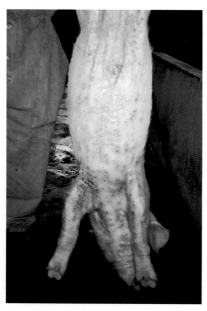

图9.16　患猪痘的猪腹部皮肤表面的水疱和糜烂。对猪舍里的其他猪进行检查，应该能发现处于该病其他阶段的猪。

水疱容易破裂，如果此时并发感染，可能会形成脓疱，但小水疱破裂后更多的时候是形成结痂（图9.17）。

结痂在感染后3周左右脱落。在猪场巡栏，能发现处于猪痘不同发展阶段

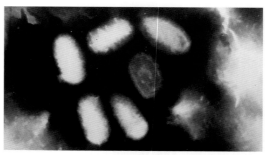

图9.18　痂皮中的猪痘病毒体积较大，在电子显微镜下比较容易看到。

目前没有特效治疗方法，治疗的主要目的是预防继发感染。最好的控制方法是改善栏舍卫生条件，消灭外寄生虫，引种时注意要引进阴性猪群。

9.3 各年龄段猪的皮肤病

猪疥螨病（猪疥癣，疥疮）

疥螨病是由猪疥螨引起猪的一种最常见，也是最重要的皮肤病。在亚洲很少有猪场不受疥螨的侵扰。疥螨侵入猪的皮肤，引起强烈的刺激和瘙痒。该病主要的传播方式是直接接触传播。

猪疥螨病的重要性经常被养殖户低估。严重的疥螨病引起强烈的瘙痒和刺激，造成患猪巨大的应激反应，从而导致生长猪生产力的下降，表现为生长缓慢，饲料转化率降低（图9.19）。

图9.19 患有猪疥螨病的育肥猪。皮肤发红和被毛脱落提示患猪曾由于强烈的瘙痒而摩擦体表。养殖者对该病的危害性往往认识不足，除了引起瘙痒外，它还会导致猪生长缓慢和饲料转化率降低。

研究还表明，适当控制疥螨可以提高母猪的繁殖性能。因为哺乳母猪对疥螨高度敏感，感染后会导致其泌乳量的减少。养殖者往往倾向于认为疥螨病是可以忽视的。然而，当猪受到其他疾病的影响时，疥螨病会变得异常严重。因此，严重的猪疥螨病可能意味着猪场存在其他的健康问题。另外，如果疥螨数量多到足以引起严重疥癣的程度，也意味着患猪更易患上其他疾病。

通常认为该病与饲养条件有关，常在饲养管理水平较差的猪场中出现，但严格来说并非如此，该病在许多饲养管理水平明显较好的猪场中也很常见。

病变首先见于头部周围，通常在耳朵、眼睛和鼻子周围。随后，病变可能会蔓延到体表的大部分区域。严重感染时，猪全身都会受到影响。第一个明显的临床症状是剧痒。病猪会用耳朵、肩部、躯体两侧和后肢等病变部位在任何可接触到的物体（如墙壁、圈槽、围栏和柱子等）上摩擦（图9.20）。由于抓挠和摩擦引起的皮肤外伤、擦伤、发红和毛发脱落，可看作是瘙痒的标志。由摩擦引起的皮肤损伤，在身体更容易被摩擦到的区域更为明显（图9.21和图9.22），这些地方可见局灶性红色丘疹，伴发因摩擦而产生的皮肤糜烂。在慢性感染时，皮肤过度角质化，可见猪皮肤变厚，形成大的皮肤皱褶、龟裂。

图9.20 一只母猪疯狂地在栏杆上磨蹭以减轻因疥癣引起的瘙痒。注意面部、耳朵、肩部和体表受伤、发红的皮肤。这种应激环境会影响母猪的泌乳量，从而影响产仔性能。

图9.21 公猪感染疥螨引起了强烈的瘙痒，图中公猪体表和头部的皮肤发红，这是由于剧烈的摩擦造成的。注意图中公猪头部和身体上容易摩擦到的部位。

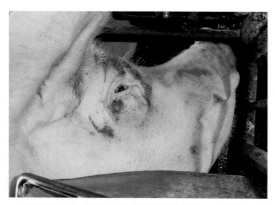

图9.22 为减轻因疥螨引起的剧痒，母猪不断摩擦体表，其面部因摩擦引起外伤性皮损。面部和耳朵通常比身体其他部位受到的损伤更严重。

在哺乳期间，仔猪会被母猪传染（图9.23），但瘙痒症状可能在几周后才会非常强烈。

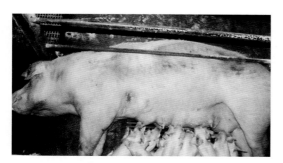

图9.23 仔猪在哺乳期间被母猪传染。这一阶段感染的仔猪在断奶后会在保育猪舍中传播疥癣。

患病哺乳仔猪可能会伴发猪油皮病（渗出性皮炎）（见图9.8）。患病仔猪在分娩栏内可接触到的任何坚硬表面上摩擦，尤其是在金属产仔箱上，造成皮肤损伤。皮肤外伤加剧了仔猪感染葡萄球菌的风险，导致猪油皮病的发生。

公猪的慢性疥癣（图9.24）会导致其生产性能下降。公猪在疥癣治疗计划中经常被忽视。

图9.24 慢性疥癣病猪皮肤角化过度（皮肤增厚），公猪在疥癣计划中经常被忽视。

诊断疥螨最好的方法是刮取耳朵处的皮屑进行虫体观察（图9.25），这些虫体通常很难在身体其他部位的皮肤刮取物中发现。通常，没有必要为了做出诊断而找出螨虫，因为疥螨感染的临床症状特征性非常明显。当猪群中有大量猪表现出剧痒症状时，那么完全有理由认为是疥螨病。最实际的诊断方法是观察患猪对治疗的反应。如果猪场有疥螨的控制程序，那么只要猪群中出现疥螨，则证明该程序无效。

 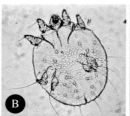 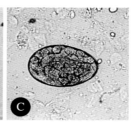

图9.25　从耳朵上刮取的皮屑（A）可用于检测疥螨（B）及其卵（C）。

9.3.1 治疗和控制

很多养殖者低估了控制疥螨的重要性，如养殖者往往无法将母猪泌乳不足与疥螨联系起来。实际上，疥螨是其他疾病和状况的一个重要诱因，因为伴随着其引起的剧烈瘙痒会导致猪群严重的应激反应。

令人惊奇的是，治疗疥螨可以帮助猪场减轻其他疾病或问题（如猪油皮病、咬尾或咬耳）的严重程度。

大多数外用杀螨剂（如苯甲酸苄酯、马拉硫磷或双甲脒）对疥螨十分有效。疥螨控制失败的原因通常不是由于杀螨剂失效，而是由于未能有效地实施控制措施。仅对出现临床症状的猪使用杀螨剂喷雾或仅进行一次而未重复给药无法根除疥螨。大多数杀螨剂能有效杀死除卵以外的所有不同阶段的螨虫。忽视虫卵的杀灭，易导致螨虫数量在短时间内再次增多，问题再次出现。治疗措施应针对猪舍内所有的猪，或同时全群给药，或挨个给药，同时清洗猪舍内栏杆并喷洒上杀螨剂。另外，治疗措施间隔10d应至少重复1次（最好2次）。体外驱虫的主要缺点是无法杀死所有螨虫，外用喷剂无法作用到耳道内的螨虫，因此需要每间隔几个月就对猪进行一次体内驱虫。最有效的治疗方法是注射阿维菌素。对于慢性病例，可能需要在2周后再注射一次。

猪疥螨的控制程序如下：

a.每隔8个月对所有母猪同时注射阿维菌素或在饲料中添加阿维菌素。

b.另一种效果稍差的替代方法是在母猪分娩前2周左右对所有母猪进行治疗。个人更偏向于注射治疗。但缺点是在断奶后，断奶母猪会再次被配怀舍内的其他母猪感染。

c.如果对种猪群的治疗有效，那就不必对断奶仔猪进行治疗。但如果对种猪群的治疗效果不理想，那么对断奶仔猪的治疗就至关重要。仔猪在断奶后1周左右，应口服阿维菌素，持续约1周。

d.如果在生长育肥猪身上观察到疥螨，那么疥螨控制程序就视为无效。应至少给所有的断奶仔猪喷洒外用杀螨剂（如马拉硫磷或双甲脒）3次，每次间隔1周。

e.给所有引进的猪注射阿维菌素进行治疗。

虱和跳蚤

猪血虱是感染家畜的虱类中个体最大的一种，肉眼可见到。成年雌虫的体长可达6mm。一般肉眼可见的在猪皮肤表面爬行的体外寄生虫（虱）都是猪血虱（图9.26）。

图9.26 两只虱在猪的皮肤上爬行。猪虱是家畜虱类中最大的一种，肉眼可见。虱感染通常是管理不佳和卫生不良的标志。

虱可能引起瘙痒和类似疥螨病的抓伤，严重感染可导致贫血。虱也被认为是传播猪痘病毒的主要媒介。

与虱不同，跳蚤不具有宿主特异性。最有可能感染猪的物种是人蚤，这种跳蚤最常感染人类。跳蚤问题主要见于在肮脏地面饲养的猪。跳蚤通常只是令人讨厌而已，对猪的生产性能影响不大。

老式疗法包括使用任何形式的油性敷料。其中污油（可从加油站免费获得）（图9.27）应用广泛且效果良好。对于感染了体外寄生虫的猪，应采用与疥螨病相同的治疗方法。只要猪场有虱和跳蚤

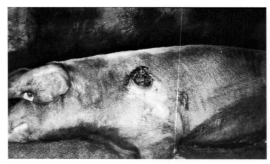

图9.27 污油已广泛用于治疗虱感染，然而它对疥螨的效果较差。一个猪场不可能在没有螨的情况下出现虱。注意上图中存在与外寄生虫问题无关的肩部溃疡。

等体外寄生虫，那么该场一定有螨虫存在。针对疥螨的治疗措施对其他体外寄生虫同样有效。

皮肤真菌病（皮癣）

感染猪最常见的皮肤真菌是矮态小孢霉，其他包括疣状发癣菌和须癣毛癣菌。

由猪矮态小孢霉所致的一个或多个癣斑，直径为2 ~ 10cm，甚至更大。病变可发生在身体的任何部位。它们呈环形扩大，边缘被毛通常变色，呈褐色或橙色（图9.28A、B），病变常常被误认为是污垢。由于无死亡，不伴发瘙痒，无明显的不良反应，因此大多数病例没有得到诊断和治疗。

由毛癣菌属引起的病变可能更为明显（图9.29和图9.30），这些病变常被误诊为玫瑰糠疹。与矮态小孢霉不同的是，疣状发癣菌引起的皮肤损伤会造成屠宰场产品的验收不合格，从而造成经济损失。

图9.28　由矮态小孢霉引起的皮癣通常被误认为是猪毛发上的污垢。

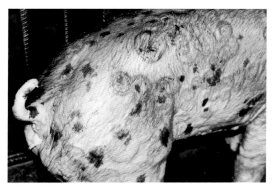

图9.29　疣状发癣菌引起的癣斑。

图9.30　疣状发癣菌引起的癣斑。这种病变有时被误认为是玫瑰糠疹。如果猪圈里不止一头猪出现这种病变，就应该怀疑是癣。在这个猪场，来自不同猪圈的几头猪均被感染。注意背景中的猪与图9.29中的猪是同一只。

9.3.2 治疗

由于该病不会引起猪的死亡，且对生产没有明显影响，因此一般不对病猪进行治疗。在饲料中添加灰黄霉素（经济成本？）或者外用水杨酸或克菌丹溶液对该病有治疗作用。可以局部外用噻苯达唑，其抗真菌活性对治疗猪癣有一定的应用价值。养殖者通常不愿意花费时间、金钱和精力来治疗不会造成明显经济损失的疾病。但是，应该提醒养殖者注意癣的人畜共患性。

晒伤

晒伤是东南亚热带国家猪的常见问题。饲养在个体栏的母猪，特别是在一排个体栏中处在两端的母猪受影响最大（图9.31）。此外，白色品种受影响最严重，这种情况与在人类身上的情况非常相似。晒伤在乳猪或断奶猪中并不常见，因为这些猪通常不会直接暴露在阳光下。

图9.31　被太阳晒伤的猪在亚洲热带地区很常见，这是猪舍设计和猪场建筑朝向不正确的证据。

造成这一问题的原因是猪舍的设计和朝向不当。从理论上讲，猪舍应该是东西朝向的，但实际上，大多数猪舍是根据地形建造的。

黑色素瘤

黑色素瘤是由于黑色素细胞增殖引起的皮肤肿瘤。该病似乎具有品种易感性，杜洛克猪是最常发的品种。黑色素瘤常见于小猪，这表明该病的发生可能受到遗传性因素的影响。

黑色素瘤可见于病猪身体任何部位（图9.32），最常见于侧面，直径1～4cm，肿瘤表面呈不规则的黑色光泽。黑色素瘤可转移至许多不同的器官，如淋巴结、肾、肝、肺、心、脑及骨骼肌（图9.33）。

图9.32 黑色素瘤表现为黑色、有光泽、表面不规则的皮肤肿瘤。图片由HT Chuo提供。

图9.33 在屠宰过程中，可以在许多不同的器官中看到肿瘤转移灶。

维生素K缺乏症

导致猪皮肤出血的凝血障碍通常是由抗凝血灭鼠剂（如华法林）引起的，这些灭鼠剂会干扰维生素K的效用。某些霉菌毒素也是维生素K的拮抗剂。

大多数情况下，通常为个体发病，病猪可见全身不同程度的皮肤出血（图9.34）。

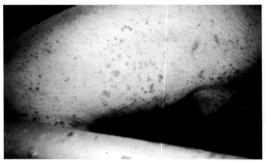

图9.34 华法林中毒的猪皮肤出血。在抗凝血灭鼠剂中毒猪均可以看到这种病变。

重度病猪可能表现为嗜睡、卧地不起，常见鼻出血、血尿（图9.35）和黑粪等症状。在较轻的病例中，除皮肤出血外，患猪没有或几乎没有任何其他临床症状。

图9.35 华法林中毒的猪出现血尿，临床可见地面上积聚的带血的尿液。

对于引起许多病例中毒的源头可能无法第一时间找到，因为中毒的鼠可能已经被猪吃了，但经常能在猪粪便中发现鼠骨骼残骸。中毒是否致命取决于摄入的毒素量。这种情况没有有效治疗手段，因为病猪血液无法凝结，所以养猪者最好不要对病猪皮肤造成任何损伤（比如注射），否则易导致大出血。

角化不全

猪的角化不全通常与缺锌有关。在大多数情况下，尤其是在快速生长阶段，该病是由于日粮中钙过量或钙磷比（Ca / P）过高，以及必需脂肪酸缺乏而间接引起的缺乏症。

首先可见的症状是7～16周龄的猪身上出现小的、圆形、凸起的红斑丘疹。角化过度的皮肤会出现裂纹和裂隙，但通常很少出现刺激感（这是有别于疥癣的重要方面）。病变多见于下肢、面部、颈部、臀部和尾巴，呈对称性分布。并非猪场中所有的猪都会患这种病，而且不同猪发病的严重程度也有很大差异。该病的死亡率很低。

9.3.3 治疗和控制

应在日粮中补充0.02％的碳酸锌，即每吨饲料0.2kg。同时应检查日粮中是否含有过多的钙或钙磷比例过高。

异色症

该病在亚洲热带地区很常见。猪的毛色介于黄色到橙色之间，有时呈浅棕色（图9.36）。这种变色经常被误认为是污垢，但是洗不掉。该情况在白猪身上更明显。病因尚不清楚，但可能是由真菌引起。该病可能具有传染性，因为一些栏舍猪的变色比其他栏舍更为明显。该病不伴发瘙痒，对生产无明显影响。屠宰人员并不在意这些猪的外表，因为在屠宰场加工处理后，病变会随着猪毛一起消失。

图9.36 图示患有异色症的公猪。异色症是一种原因不明的疾病。没有经验的养殖者会把这种变色误认为是污垢。

耳血肿

耳血肿在生长猪中很常见，眼观病猪耳朵肿胀、变大（图9.37）。

图9.37 耳血肿可能是由于耳道内的疥螨造成瘙痒，从而引起猪摩擦导致的结果。

肿胀是由于血液和体液在皮下积聚造成的，可能出现在一只耳朵，也可能两只耳朵同时出现。这种情况多是因为猪打斗或为缓解疥螨引起的瘙痒而抓挠，从而导致了血管破裂，造成皮下组织的血液淤积。不建议划开耳朵进行引流或清除血液，因为农场环境不适合猪的术后护理，既困难，也不实际，还可能导致感染或形成脓肿。病猪耳朵会随着血凝块的吸收和瘢痕形成而自行恢复，但会形成菜花样的耳朵（图9.38）。

图9.39 因打斗引起的皮肤伤口感染细菌会导致脓肿的形成。

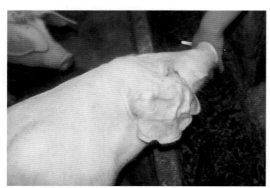

图9.38 若不进行治疗，耳血肿逐渐消退，耳朵呈菜花样外观。

脓肿

猪的皮肤脓肿通常是由于猪打斗（图9.39）、阉割、与地面摩擦、使用污染的针头或注射刺激性溶液如油佐剂疫苗（图9.40）引起皮肤损伤，从而造成继发感染引起的。母猪会出现颌下脓肿的情况，这与链球菌感染有关（图9.41）。在脓肿成熟后方可进行切开引流，可以用过氧化氢或聚维酮碘冲洗脓肿腔。

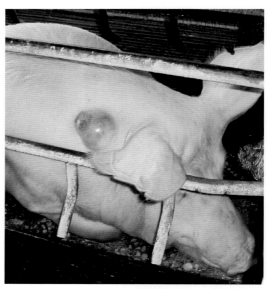

图9.40 接种油佐剂疫苗后，母猪继发皮肤不良反应。

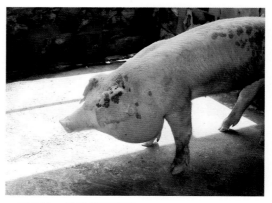

图9.41 母猪颌下脓肿。

9.4 成年猪皮肤病

角化过度

　　皮肤角化过度是成年母猪和公猪常发的一种疾病。患猪的皮肤上覆盖着一层干燥的褐色鳞状皮肤，尤其是在背部和腰骶部，一般很容易刮除（图9.42），刮除后下方的皮肤通常看起来较正常。腋窝下或腹股沟处也可见类似的病变（图9.43）。

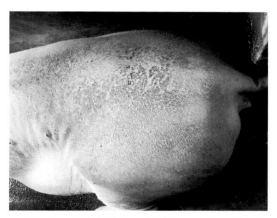

图9.42　母猪皮肤的角化过度，上层的褐色鳞状皮肤很容易刮除。

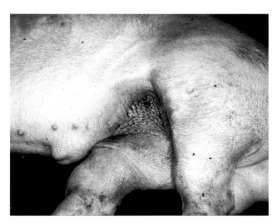

图9.43　腹股沟皮肤角化过度和苔藓样硬化。腋窝下和腹股沟是这种病变的常见部位。

　　患猪看起来很健康，没有瘙痒的症状。病因尚不明确，有人认为是由于猪缺乏必需脂肪酸。目前尚不清楚这种情况是否会影响猪的生产性能。在每吨饲料中添加4～5L鱼肝油对该病具有一定的治疗效果。

肩部溃疡

　　肩部溃疡在猪场很常见（图9.44）。在哺乳期体重过度减轻的年轻母猪特别容易患此病。其他可能受到影响的部位包括臀部（髋结节上方）和跗关节区域。病变始于猪躺在坚硬的混凝土地面上而引起的压力性坏死。

图9.44　身体状况不佳的哺乳期母猪肩部和臀部等的皮肤溃疡。

　　溃疡的一个重要并发症是蝇蛆病的发生，因此需要对病变处进行治疗，以预防继发感染和蝇蛆病的发生。

　　抗生素和驱蝇喷雾对该病十分有效。该病的预防措施有：提供柔软的垫料，确保母猪在分娩时身体状况良好。

乳头状瘤

　　疣或乳头状瘤在公猪中非常常见，

尤其是长在阴囊皮肤上的疣（图9.45）。与其他品种相比，杜洛克猪似乎更易发生。疣看起来并不美观，但对猪似乎没有其他不良影响。

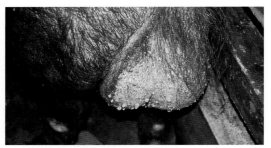

图9.45 公猪的阴囊乳头状瘤（疣），该病似乎不会对生育能力产生不利影响。

红眼（角膜结膜炎）

该病是亚洲一些地区的常见疾病，这些地区的猪外表看起来很健康，但其"红眼"或结膜炎的发病率很高，除此之外，没有其他临床症状（图9.46）。在生长育肥舍，该病的发病率达30%～80%，严重程度从轻度到重度不等（图9.47）。受该问题影响的猪场均采取向空气中喷洒消毒剂等措施防止病原通过空气传播。该病可能的原因之一是眼睛意外接触刺激性化学物。

没有任何一种感染性疾病是以结膜炎为唯一临床症状的。衣原体感染，尤其是鹦鹉热衣原体感染也可能同时表现其他临床症状，如呼吸困难、肺炎和多发性关节炎等。

图9.46 在亚洲，许多猪场的生长育肥猪结膜炎高发，病猪表现为红眼。在该猪场中，发病率约为40%。

图9.47 结膜炎的严重程度不一。这张照片显示的是一头严重感染的猪。

10 引起繁殖障碍的疾病

10.1 猪细小病毒感染

猪细小病毒（PPV）是导致猪繁殖障碍性疾病的重要因素之一。当前认为其是导致所谓的SMEDI（死胎-木乃伊胎-胚胎死亡-不育）综合征的最重要因素，之前认为捷申病毒或肠道病毒是导致该综合征的主要因素。猪细小病毒非常小，对环境的耐受力很强（图10.1）。

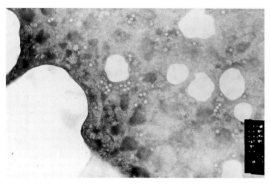

图10.1　猪细小病毒很小（直径大约20nm），对环境的耐受力很强。

常规消毒剂无法杀灭猪细小病毒，它可以在环境中存活数年时间。可在全球各地的猪场内检测到该病毒。基于亚洲养猪生产模式，可认为几乎所有的猪场都处于猪细小病毒地方性流行状态。

环境中的病毒多通过口鼻路径感染猪。此外，母猪可经由公猪的精液而感染。在急性感染期，病公猪精液带毒，或在采精或人工授精过程中精液污染，都会造成母猪感染。

一般，经产母猪感染PPV不会出现明显的临床症状。只有当胚胎感染时，才会产生危害。曾感染猪细小病毒的猪会对其产生免疫力，而且该免疫力是持续终生的。因此，猪一生只会感染一次猪细小病毒。感染也是产生免疫力的一种方式。但若未经免疫的后备母猪在妊娠前半期感染猪细小病毒，该病毒会穿过胎盘屏障，感染胎儿。

因此，若母猪在配种前感染猪细小病毒会产生免疫力。若母猪在配种前未感染，则对猪细小病毒保持易感性。在头胎猪妊娠前半程发生感染，会发生繁殖障碍性疾病。因此，在传统猪场中，仅有少量的猪会长时间不感染猪细小病毒。几乎所有的成年猪均处于免疫状态。猪细小病毒主要导致头胎母猪发生繁殖障碍性疾病。繁殖性障碍不仅与是否感染有关，更与感染发生的具体时机有关，比如妊娠前还是妊娠过程中。最好感染发生在后备母猪配种之前，而非在配种后。从理论上讲，感染发生的越早，配种母猪获得免疫力的时机也越早，结果越好。事实上，母源抗体的被动免疫可以保护后备猪在21周龄之前免遭猪细小病毒感染。在被动免疫消失之后，后备母猪被选入后备母猪群，直到第一次配种之前，后备母猪都可能被感染并获得免疫力。在首次配种时后备母猪未感染猪细小病毒且保持对其易感的比例在各猪场之间会有所不同。只有少量的猪场，高胎次的母猪依然对猪细小病毒易感，但这样的概率很低。

该情况与人类的风疹病毒感染类似，但与之不同的是猪细小病毒感染不会导致母猪的临床症状。

没有免疫力的后备母猪在妊娠前半程的任何时期感染猪细小病毒，都会发生繁殖障碍。若易感的妊娠后备母猪在妊娠60d后发生感染，此时，病毒会感染胚胎，而胚胎会在母猪妊娠70d左右具备免疫应答能力。此种胚胎通常会活下来，新生仔猪体内存有抗体。因此，若未获得免疫的后备母猪在妊娠的前半期感染，病毒感染与胚胎的免疫系统发展之间会形成速度竞争。若病毒在母猪妊娠70d之前感染胚胎，那么胚胎可能会发生死亡。若在此时间之后胚胎感染猪细小病毒，胚胎就会存活下来。

10.1.1 临床症状

PPV导致繁殖性障碍的最重要的临床症状是木乃伊胎的增加，尤其是头胎后备母猪。木乃伊胎的大小通常不同（图10.2）。有时，整窝都会变成木乃伊胎，但有时仅部分胚胎会变成木乃伊胎，有些仔猪会成为活仔且健康。

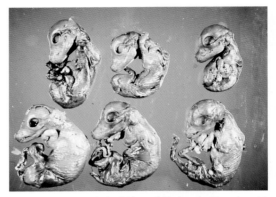

图10.2　细小病毒感染导致的木乃伊胎。木乃伊胎的大小不同，意味着胎儿死于妊娠的不同阶段。

根据母猪感染猪细小病毒的时间，猪细小病毒导致的其他繁殖性障碍症状包括返情数增加、弱仔数增加等。

猪细小病毒不会导致不孕、流产及新生仔猪死亡。该病毒也可能与猪的某种皮肤病有关，但在被充分证明之前，最好不要假定该病毒是导致此种猪皮肤病的因素。

10.1.2 诊断

若存在如下的临床症状，可以初步诊断是由猪细小病毒导致的繁殖性障碍：

- 头胎母猪分娩出（不同大小的）木乃伊胎；
- 高胎次母猪未受到影响；
- 母猪自身没有发病的临床症状；
- 流产数未增加。

可以通过病毒分离鉴定来进行诊断，但猪细小病毒的分离鉴定并不适宜作为常规性诊断程序，因为猪细小病毒的分离较难。通过荧光抗体检测、免疫扩散试验或血液凝集试验等检测木乃伊胎中是否含有猪细小病毒抗原更具实用性。其他检测方法包括对体型较大的胚胎或死胎进行抗体检测。可将胚胎的体液作为血清，进行胚胎抗体检测。可以将死胎装于塑料袋中在冰箱中静置过夜，再取出融化后，收集袋子底部的液体，作为血清，进行检测。

应将几个木乃伊胎或死胎提交给诊断实验室。检测母猪的血清抗体是没有意义的，因为结果不能提示感染发生的时间。而且，当母猪分娩时，其血清中很可能已经含有猪细小病毒的抗体，所以不要送血清样品至实验室进行PPV的诊断。新生仔猪的血清样品也无价值，除非血样是仔猪采食初乳前的样品。

不同大小的木乃伊胎所需鉴别诊断的病原有猪肠道病毒、猪捷申病毒与日本脑炎病毒。

10.1.3 治疗和控制

针对猪细小病毒导致的繁殖性障碍尚无治疗措施。控制的主要目标是确保后备母猪在配种前已经感染或免疫了猪细小病毒。常用的推荐方法是促进自然感染，让后备母猪与高胎次母猪进行紧急接触（混群），以期有些高胎次母猪可能正在大量排毒。这种措施有时无效，因为绝大部分的高胎次母猪都具备免疫力，不会通过粪便排出病毒。另一项常用的推荐措施是在后备母猪配种前，饲喂高胎次母猪所产的胎衣或粪便。再次

强调，这些措施常常因为高胎次母猪不对外排毒而无效。通常生长育肥猪才会对外排毒。在生长育肥阶段，大多数的猪失去了母源抗体的被动免疫，并发生PPV的自然感染（可通过群体的血清抗体转阳来证实）。因此，生长育肥猪（21周龄之后）的粪便是猪细小病毒的更好的来源。

最可靠的控制措施是疫苗免疫。至少在配种前2周通过肌内注射免疫猪细小病毒灭活疫苗，可以预防此病。在未感染猪细小病毒的猪群，必须采取非常严格的生物安全措施，以预防该病毒的入侵。PPV一旦进入到猪细小病毒阴性母猪群，将导致感染后头几个月内发生巨大的经济损失。

10.2 猪捷申病毒或肠道病毒感染

SMEDI（死产-木乃伊胎-胚胎死亡-不育）综合征这一术语一直用于描述由猪捷申病毒（或肠道病毒）引起的繁殖障碍。但是，人们现已认识到细小病毒也可能引起极相似的繁殖障碍综合征。事实上，相较于肠道病毒，PPV更可能是引起SMEDI综合征的病因。由猪捷申病毒（PTV）或肠道病毒（PEV）某些血清型导致的繁殖障碍的流行病学与PPV非常相似。该病在断奶仔猪群保持地方性流行。断奶前，仔猪受乳源性免疫保护而不受感染。断奶

后，因与不同窝的仔猪混群而感染。因此，该病毒主要在断奶仔猪中传播。大多数后备母猪在配种之前都会获得主动免疫力。

10.2.1 临床症状

由PTV或PEV造成的繁殖障碍性临床症状包括：返情延迟，流产，窝产数目不等的木乃伊胎、死胎，或窝产仔数少（图10.3）。由于猪场中大多数后备母猪在配种前都会获得免疫力，因此由该病毒导致的繁殖障碍很少见。若有新血清型的病毒进入猪场，可能会暴发SMEDI综合征。尽管从理论上讲这种情况可能发生，但更常见的状况是新引种的后备母猪会发生繁殖障碍。这些新引种的后备母猪可能尚未对猪群中存在的所有的血清型产生免疫力。新的血清型病毒通常因最近购入断奶仔猪而引入。通常，感染母猪后续胎次的繁殖性能不会受影响。

图10.3　SMEDI综合征，同窝中出现大小不同的木乃伊胎、部分木乃伊胎和死胎。图片由JW Lee提供。

10.2.2 控制

尚无针对该病的疫苗。最常采取的措施是通过管理措施，确保后备母猪在配种前至少1个月就自然感染该病。可以收集断奶仔猪的新鲜混合粪样，并将其加到后备母猪饲料中。新引进的种猪应以类似的方式感染，从而获得对本猪场中流行病毒的主动免疫力。不建议猪场引入处于妊娠状态的头胎母猪。在配种前必须让新引进的母猪经一定时间来获得对本猪场流行的PTV或PEV的免疫力。

10.3 钩端螺旋体病

猪钩端螺旋体病在全球各地均有报道。钩端螺旋体细长形，在大多数哺乳动物宿主体内均有发现。钩端螺旋体可分为包含不同血清型的多种血清群。猪是波蒙纳钩端螺旋体、塔拉索夫（氏）钩端螺旋体、布拉迪斯拉发钩端螺旋体和慕尼黑钩端螺旋体的储存宿主，同时也可被鼠尿液中的出血性黄疸钩端螺旋体感染。尽管普遍认为波蒙纳钩端螺旋体是全球钩端螺旋体病的最常见病因，但其主要血清型因国家而异。

病猪的肾脏是钩端螺旋体的常见寄生部位，病猪在病愈后的几个月内不时从尿液中排出钩端螺旋体，之后钩端螺旋体通过皮肤伤口和黏膜进入易感猪体内，造成新的感染。长期排毒的猪是仔猪和易感猪的传染源。

其他动物，尤其是大鼠，也可能是重要的传染源。鼠类的滋生是出血性黄疸钩端螺旋体感染的主要原因。

10.3.1 临床症状

该病几乎没有特异性症状，因此通常处在隐性感染状态。猪感染后可能会发热1～2d，期间食欲可能会下降。临床症状可能会持续几天，之后逐渐康复。在此期间，感染猪会从尿液中排出钩端螺旋体，持续数周。钩端螺旋体病在猪群中传播缓慢，所以易被忽略。尤其是在大群中，因为总有少数几头猪时不时表现出上述含糊且非特异的症状。生长猪常因接触大鼠尿液而感染。

养猪生产者可能只有在发现妊娠母猪感染时才意识到存在钩端螺旋体病。通常，发现钩端螺旋体病存在的首要迹象是妊娠后期母猪流产（图10.4）。但是，流产也可能会提前发生，如在配种后1个月左右。

该病的重症型并不常见，病猪表现为黄疸、血红蛋白尿，死亡率高。

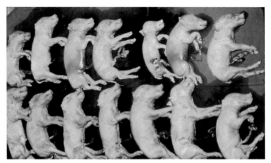

图10.4 出血性黄疸钩端螺旋体引起的妊娠90d时流产的胎儿。通常直到发现流产增多时，养猪生产者才发现猪群感染了钩端螺旋体。

关键要注意，人会感染此病，表现出流感样症状和关节呈弓形。进行剖检的兽医应注意可能会接触到钩端螺旋体，尤其是在发现间质性肾炎病变时，如在肾脏表面发现不规则的灰白色斑点（图10.5）。同样，屠宰场的屠宰工人和肉品检验员在处理此类屠体时也应谨慎。幸好，多种抗生素可以成功治愈该病。出现流感样症状的养猪场员工应尽早就医。对于患病或出现类似流感症状的猪场员工，医生针对他们的症状进行抗生素治疗，往往有效，而且很可能在患病者已经康复后，其都没有意识到是钩端螺旋体造成的感染。

图10.5 间质性肾炎的特征是在肾脏表面可见不规则的灰白色斑点，一般是由钩端螺旋体病所致。兽医、屠宰场工作人员和肉品检验员应注意钩端螺旋体病是人畜共患病。

10.3.2 诊断

当暴发无其他临床症状的流产（尤其是发生在妊娠后期，但并不绝对）时，应怀疑可能是钩端螺旋体病。

由于钩端螺旋体生长需要特殊培养基，不易培养，因此很难检测到病原。在病原分离培养的早期，钩端螺旋体生长缓慢，只有在孵育5～30d后才达到可检测的水平。因此，在猪场暴发该病期间，不适宜采用细菌培养方法进行诊断。

其他检测方法，如利用显微镜镜检银染组织，或利用暗视野显微镜观察尿液中是否存在钩端螺旋体，但这些方法的实用性不强。

利用仓鼠作为实验动物进行试验，可有效证明疑似感染猪的血液、组织或尿中是否存在钩端螺旋体。仓鼠腹腔注射0.5mL疑似感染猪的血液组织或尿液样品后的第4天或第5天，体温升高。在第4天或第5天通过无菌方式心脏穿刺采集0.05～0.1mL血液，放入特殊培养基中。通常，通过这种方法即使样品来自受污染的尿液或组织，也可以从纯培养物中分离到钩端螺旋体。如果将实验动物带到猪场，它们会成为病原传播的活体媒介。

诊断钩端螺旋体病最有效且最实用的方法是显微凝集试验（MAT）。该试验是群体检测的可靠方法，并不适用于对单个动物进行确诊。因此，在流产暴发阶段应该收集尽可能多的流产母猪的血清样本。由于流产发生于感染后的1～4周，因此大多数母猪在流产时的MAT滴度都很高。MAT滴度达1：100或更高是近期感染钩端螺旋体的证据。如果在某次流产暴发时，收集了10～20个，甚至更多流产母猪的样品，那么每头近期流产母猪的血样血清滴度阳性就足以作为诊断依据。

当流产暴发时，比较明智的做法是在等待实验室结果时，给母猪群通过饲料添加抗生素（600g/t金霉素或土霉素）。

10.3.3 治疗

在猪场中，鼠类可能是出血性黄疸钩端螺旋体的主要传染源，如果不彻底灭鼠，钩端螺旋体病的净化几乎不可能实现。猪场必须严格灭鼠并采取其他环境卫生改善措施。疫苗接种和抗生素治疗是控制该病的主要措施。

有些国家有商品化疫苗，但疫苗免疫期非常短，大约3个月，免疫效果不理想。

对零星患钩端螺旋体病的猪，通常建议按25mg/kg剂量单次肌内注射二氢链霉素，但是，在群体暴发时不可行。最实用的方法是在母猪饲料中连续性添加或持续1～2个月添加600g/t的金霉素或土霉素。有时饲料中停用抗生素后不久可能会再次发生流产。

10.4 布鲁氏菌病

猪布鲁氏菌引起的猪布鲁氏菌病在全球多数地区均有发生。猪通过摄食或配种感染，群养母猪容易吃到流产的胎儿和胎衣而感染。感染公猪是猪群内的主要传染源，大量细菌伴随着感染公猪的精液排出体外，并通过自然交配或人工授精途径传播。感染后，病菌在白细胞或组织巨噬细胞中进行胞内繁殖。感染2周后引发菌血症，并持续约5周。病菌存在于淋巴结中，特别是下颌、胃、肝和髂内淋巴结。大多数感染猪最终都会自愈，但少数带菌者会表现严重的临床症状，并成为持续的传染源。

在亚洲，关于猪布鲁氏菌病的流行病学资料很少。根据粮农组织（FAO）和世界动物卫生组织的官方出版物分析，除南美和东南亚以外，全球的流行率均较低。但是，缺少最新的关于亚洲猪布鲁氏菌病流行状态的公开数据。

10.4.1 临床症状

对于大多数感染猪群，农场主可能都没有意识到布鲁氏菌病的存在。该病主要表现为母猪流产、公猪不育和睾丸炎。

流产可能发生于母猪妊娠的任何阶段，这取决于感染的时期。如果母猪在配种时感染，就会发生早期流产。但是，流产的概率可能很小，在生产中很容易被忽视。因此，感染的唯一迹象通常是发现配种后30～40d，大量母猪出现后期返情或不规律地返情。通常阴道分泌物很少，甚至没有，母猪通常没有病征。如果母猪在妊娠35～40d后感染，则流产可能会发生在妊娠中期或后期。这种情况的流产在群养的母猪群中更为常见，因为这些母猪可以通过吃掉其他感染母猪的流产胚胎或胎衣而感染。在亚洲大部分地区，规模猪场的母猪通常采用限位栏饲养，这种流产很少见。

对于大多数母猪，流产后生殖器官感染的持续时间很短。如果流产后约2个月不配种，大多数母猪会痊愈。

公猪的感染较为持久，感染公猪可能会出现不育和性欲低下。然而，部分感染公猪的性欲并不受影响。由于感染公猪不断通过精液排出大量布鲁氏菌，因此它们会在配种时持续感染母猪。

10.4.2 诊断

一般，根据临床症状、病原分离鉴定结果和血清学检查可做出诊断。最准确的诊断方法是通过直接培养法从样品（如淋巴结、流产的胎儿或胎衣）中分离出布鲁氏菌。但是，如果没有有效、安全的实验室防护，则此法不可行。

要在猪场进行诊断，最实用的方法是利用布鲁氏菌全细胞抗原检测抗体。检测方法有很多，但必须注意的是，大多数检测方法仅适用于群体检测，而不适用于个体猪的布鲁氏菌病诊断。检测结果的判读很关键。

尽管抗体检测很敏感，但缺乏特异性，也就是说会出现假阳性。因此，在对猪群进行检测时，如果被检测猪群的阳性率高（超过50%），可以确定猪群为布鲁氏菌阳性群。如果仅小部分猪的检测结果是阳性，那么根据检测结果可能无法给出定论。布鲁氏菌病是一种群体性疾病。除非相当大比例的猪的检测结果呈阳性，否则不应将猪群视为感染群。该检测不适用于单头猪的诊断。传统的诊断方法是试管凝集试验和平板凝集试验。对于感染猪群而言，所有布鲁氏菌凝集素超过25 IU的猪均被视为阳性。

间接ELISA或竞争ELISA可能更为有效，尤其是进行大量样品筛查时。

10.4.3 治疗和控制

对于布鲁氏菌病，目前没有特别有效的治疗方法，通过疫苗免疫控制该病的效果也不理想。最有效的控制方法是全群扑杀，并引进新的未感染猪进行复养。另一种方法是扑杀所有检测阳性的猪，并定期进行全群检测。尽管效果差强人意，但这种替代方法很重要，尤其是在怀疑猪群是否真的感染了布鲁氏菌病的情况下（如检测阳性率很低时）。

10.5 猪繁殖与呼吸综合征

1987年，美国首次报道了一种神秘的猪病。这种疾病的特征是母猪发生繁殖障碍综合征，而仔猪和生长猪则发生呼吸系统疾病。之所以称它为"神秘猪病"，是因为该病当时与任何已知的猪病都不同。1990年冬，该病在德国和荷兰的主要养猪生产区迅速传播，到1991年年中，大多数欧洲养猪地区都被波及。此时疾病名称众多，如"猪不育和呼吸综合征"（SIRS）、"猪神秘病""猪蓝耳病""猪传染性后期流产""蓝色流产"和"猪流行性流产和呼吸系统综合征"。1992年，世界动物卫生组织采用

PRRS作为猪繁殖与呼吸综合征（porcine reproductive and respiratory syndrome）的英文名称。

1991年6月，荷兰中央兽医研究所分离出一种名为莱利斯塔德（Lelystad）病毒的新病毒。不久后，德国和美国分别报道了类似病毒的独立分离株。现已表明，欧洲毒株和美洲毒株在抗原方面有所不同，但是临床表现相似。莱利斯塔德病毒（也被称为PRRS病毒）被确定为造成该病的病原。

猪繁殖与呼吸综合征病毒（PRRSV）是动脉炎病毒属的小型、有囊膜、单链RNA病毒。PRRSV分离株之间存在很大的遗传、抗原和毒力差异。该病毒对巨噬细胞，如肺泡巨噬细胞具有亲和力。病毒侵入巨噬细胞后，非但不会被杀死，反而在巨噬细胞中繁殖。最终，巨噬细胞被破坏，阻碍免疫系统功能的发挥。这也许是为什么同时感染猪圆环病毒2型（PCV2）、副猪嗜血杆菌、猪链球菌、胸膜肺炎放线杆菌、猪霍乱沙门氏菌和多杀性巴氏菌等病原时会加剧该病。除了PCV2，这种并发感染的影响仍存在争议。尽管无法通过试验证明PRRS与细菌感染之间的关系，但临床上PRRSV与其他病原体之间相互作用的实际情况不容忽视。

PRRSV的传染性高，传播方式多样，疾病鉴别和病毒发现存在时间差，导致该病在全球广泛传播。全球大多数养猪国家都有该病的报道。在存在

PRRSV感染的国家，本病流行率高。虽然最初在北美流行的是美洲毒株，但现在欧洲毒株和美洲毒株与多种变异毒株同时存在。虽然，欧洲毒株在欧洲占主导地位，但是，在引进用美洲毒株制备的减毒活疫苗接种易感猪群后，此疫苗毒株已传入欧洲猪群。在亚洲，美洲毒株和欧洲毒株都有流行。

20世纪90年代初，亚洲就出现了猪繁殖与呼吸综合征。这是由于该病已在全球广泛传播，且亚洲大多数国家/地区均有从北美、英国和欧洲其他国家进口种猪。

PRRSV具有高度传染性。一旦感染，猪会通过唾液、精液、尿液和粪便排毒，很容易造成同圈传播。处于临床感染期的病猪可以散毒2～3周。康复猪的感染力可以保持长达100d，甚至更久。

该病主要通过直接接触在猪群中传播。同栏猪通过鼻涕、尿液和粪便传播病毒。气溶胶传播可能是造成猪场之间传播的重要方式，但证据不足。通常认为可能有极少数是通过共用皮下注射针头或昆虫叮咬传播。

该病也可通过引种在猪场间传播。另一种传播方式是精液传播。公猪感染后，可通过精液持续排毒达35d。英国和法国认为人工授精站是猪场感染PRRSV的主要来源。普遍认为，如果猪场使用来自急性感染期公猪的精液，会增加输精传播风险。生产实践研究表明，该病毒可以通过空气传播长达2km。污染物

料的作用尚不清楚。由于病猪可通过粪便和尿液排毒，因此应将感染猪场产生的废弃物视作病毒的潜在来源。

造成PRRSV传播的重要风险因素包括：猪群规模过大、缺乏检疫隔离、大量引入新猪和猪群饲养密度过高。在猪群中，病毒的传播速度可以快到在2～3个月内导致大多数猪（85%～95%）血清呈阳性。一旦感染，病毒便会在猪群中流行数月。并不是所有的猪都会在疫情暴发的早期感染，可能会在疫情之后被感染，从而造成病毒在猪场内持续性传播。一些猪可能会长期感染PRRSV，并在初次感染后散毒长达3个月。仔猪的被动免疫力维持时间很短，到4～10周龄时可能会被感染。因此，在感染猪场中该病毒可以持续传播数月。

在某些猪场，可以在长达16个月的时间内持续检测到活跃的流行毒株。有的猪场，病毒在几个月后就消失了。但在一些地方性流行的猪场，病毒不断循环传播，可能持续长达两年半的时间。在这些猪场中，虽然种母猪会在初次发病后获得持续数月的免疫保护力，并通过母源抗体保护哺乳仔猪，但是病毒会继续感染失去母源抗体保护的断奶仔猪。在此阶段以及随后的生长期，这些被感仔猪会持续散毒并感染易感同栏猪。

10.5.1 临床症状

阴性猪群急性暴发PRRS的临床症状非常严重，既表现出繁殖障碍，又有

呼吸系统疾病。20世纪90年代，上述病症普遍发生，但在当前多呈地方性流行，且临床症状的严重程度趋缓。很多病猪表现为亚临床型，几乎不影响生产性能。在有些病例中，生长猪偶尔会发生呼吸道疾病，并偶发繁殖障碍性疾病。

当猪群首次感染该病，呈急性暴发时，各猪之间以及各猪场之间的临床症状差别很大。该病通常在几天之内就会在附近的猪群之间广泛传播。猪场一般会经过1~3个月的急性发作期，症状明显，死胎增加，哺乳仔猪死亡率升高。起初，少数猪会迅速表现出结膜炎、嗜睡、精神沉郁和呼吸窘迫等流感样症状。这些症状会持续几天，在此期间，母猪受孕率和分娩率将大幅降低。在某些猪场，母猪流产率可能达到2%（图10.6）。流产通常发生在妊娠后期。不流产的母猪可能会娩出大量死胎，或数量不等的大小相近的木乃伊胎或半木乃伊胎，或活不久的弱仔。如果猪场记录了配种日期，可能会发现早产母猪数增多，主要集中在妊娠第107~112天。流产症状平

图10.6　PRRS急性暴发猪场的流产胎儿。

息后不久，死胎比率会上升，并在2~3周内维持较高水平（12%~30%），然后下降到接近正常水平（7%~8%）。

哺乳仔猪表现出精神沉郁，急促的腹式呼吸且出现无法吮乳的情况。断奶前平均死亡率会上升到30%~50%，个别窝次的死亡率可能高达100%。一般情况下，断奶仔猪会发生呼吸窘迫和生长迟缓，并伴有一定的死亡率。对于生长猪而言，临床上可见继发性并发症，肺炎尤为常见，但并非必然，多数情况下，生长育肥猪群中极少甚至不出现明显症状。在试验条件下，难以复制呼吸系统症状。人们普遍认为，影响PRRS临床症状的因素有许多，包括感染时的年龄、PRRSV毒力和并发感染。有些猪可能会出现发热和身体末端发绀的症状（据此命名为"蓝耳病"）。这个名字相当不恰当，因为气候寒冷时非常容易造成猪体身体末端发绀，所以发绀症状并非是"蓝耳病"的特有症状。在将猪蓝耳病更名为猪繁殖与呼吸综合征之前，猪场养猪生产者和兽医都以耳朵发蓝作为临床示病症状，而感染莱利斯塔德毒株的猪出现皮肤发绀的不到5%。

首次暴发3个月后，猪群的生产性能和健康状况会逐渐恢复正常。

在疫情首度暴发后，该病在猪群中呈持续性地方流行，但对生长猪和种猪群的影响不大。4~12周龄猪的呼吸系统症状可能并不明显，但会出现咳嗽、呼吸困难和消瘦。

若继发细菌感染会加剧临床症状并增加死亡率。繁殖障碍的症状（返情率升高、流产、分娩率降低和木乃伊胎等）因易感母猪感染时的妊娠阶段不同而有所差异。损失程度取决于猪群中的易感后备母猪或母猪的比例。

感染PRRSV的公猪有时会出现临床症状，如食欲不振、嗜睡和轻微发热。有些公猪可能仅出现性欲下降。

10.5.2 诊断

结合猪群病史，分析繁殖记录、临床症状、病理病变、血清学和病毒检测的综合结果，从而进行诊断。除非暴发典型的急性繁殖障碍，其他可引起繁殖障碍或呼吸症状的疾病，尤其是呼吸系统疾病很容易被误诊为PRRS。实验室检测尤其是血清学检测结果的判读要慎重，因为大多数猪群呈抗体阳性，但呈轻度和亚临床感染。因此，未出现临床症状并不意味着该猪群未感染PRRSV。

最方便且最实用的诊断方法是血清学诊断。用于诊断PRRSV感染的血清学检测方法包括：间接荧光抗体试验（IFA）、血清中和试验、免疫过氧化物酶单层细胞试验（IPMA）和酶联免疫吸附试验（ELISA）。除以上间接诊断方法外，还可以通过病毒分离、聚合酶链反应（PCR）和免疫组化技术等直接检测病毒。

ELISA作为检测PPRSV抗体的群体诊断方法，就技术层面而言，在进行大量样本检测时，准确性和操作便捷性优于IFA和IPMA。但是，血清学检测不适用于地方流行性或免疫接种猪群的诊断。

通常，血清学诊断可以相对准确且可靠地应用在群体水平，但是，用目前的血清学检测法确诊个体猪是否感染PRRS并不理想。也就是说，尽管大多数检测具有良好的特异性（没有或很少出现假阳性），但灵敏度却低于100%（有些假阴性）。

血清学检测结果的判读可能更为重要，并且取决于检测的目的。在未接种疫苗的猪体内发现PRRSV抗体，仅表明该猪已被感染，并不能提示其感染的时间。对于5周龄以下的猪，抗体可能来自母猪。如果该母猪先前接种过PRRSV疫苗，则判读会更加复杂。因此，PRRSV抗体检测阳性不是诊断PRRS的有效方法。不能依据抗体检测呈阳性来判断繁殖障碍是由PRRSV引起的。随机采样，尤其是对年龄较大的经产母猪进行采样，会发现由于之前的感染，许多猪PRRSV抗体呈阳性。因此，不能仅根据抗体的血清学检测结果进行确诊。抗体检测对于获得猪群的血清学特征，从而确定群体内病毒的传播模式非常有用。如果ELISA检测的采样量足够大（取决于猪群的大小），如采集不同胎次的母猪及1月龄、2月龄、6月龄仔猪的样本，则可以确定发生血清转阳的年龄。要注意的是，PRRS的ELISA检测是定性试验。也就是说其结果仅判定为阳性或阴性。

将 S：P 值作为定量滴度进行判断是错误的。

由于 ELISA 检测无法区分感染抗体和疫苗抗体，因此最好在接种疫苗之前进行血清学检测。

10.5.3 治疗和控制

目前尚无特效治疗方法。推荐使用抗生素来控制细菌继发感染，建议采取多种控制措施减少混合感染，控制病情。

将保育猪进行清群是控制猪群断奶后易发 PRRS 的有效方法。尽管断奶仔猪可能会在一定的时期内不受 PRRSV 感染，但有的猪场还是发生了再次感染。再次感染的可能原因有引种带入 PRRSV，清群前的血清学诊断不当以及被清群猪舍的布局不合理。为有效进行保育舍的清群，必须先阻断种猪群中的病毒传播。

控制种猪群的排毒，对于防控断奶后 PRRS 疫情的发生非常重要。若种猪群中母猪数量超过 1 000 头，则很难控制排毒。这是因为在大型母猪群中，往往会有一定比例的未感染母猪，也就是说它们属于易感猪群，这样的母猪可以保持不感染状态长达 6 个月，这些母猪若被感染，会促进病毒的循环传播。随着时间的推进，早先被感染的母猪的抗体会消失并呈血清学阴性。还有一种情况，若在 PRRS 阳性的母猪群直接引入 PRRS 阴性的后备母猪，会导致 PRRS 在猪群长期存在。建议所有新引入的猪群均在独立的隔离设施中隔离 25～60d，以控制 PRRS。在此期间，应对猪群进行血清学检测。

已有商品化的 PRRSV 减毒活疫苗和灭活疫苗。一旦确诊，且当 PRRS 已造成经济损失时，建议接种 PRRSV 疫苗。疫苗适用于 3 周龄以上的仔猪以及空怀母猪。在配种前对经产母猪和后备母猪进行疫苗接种，从而让所有母猪都产生免疫力。减毒活疫苗存在一定安全隐患。活疫苗株的传播形式与野毒株非常相似，包括跨胎盘传播，甚至有毒力返强的风险。对于未感染猪，灭活苗可能不如活苗有效。但是，对于先前已感染或接种过活疫苗的猪群，灭活疫苗可以诱导产生高水平的中和抗体。

为了控制 PRRS，需要考虑诸多生物安全因素。如果忽略这些因素（如常规引种入群，却不检测），会降低控制措施的效果。尽管有的猪场采取了控制措施，但仍会因 PRRS 及继发性细菌感染而导致猪死亡并造成经济损失。

对于 PRRSV 阴性的猪场，必须对所有引入猪进行检测，以保证引入的猪群确实是 PRRSV 阴性。应将新引入的猪饲养于隔离区域（距猪场一定距离），并对其血液样品进行抗体检测，隔离饲养 1～2 个月，随后再次检测，当检测发现猪群的抗体滴度在逐渐下降或抗体阴性时，才能引入到猪场。

10.6 高热病（高致病性蓝耳病）

2006年，中国江西省暴发了猪"高热病"，随后蔓延到10多个省，并在几个月内影响了约200万头猪，导致40万头猪死亡。高热、皮肤潮红和严重呼吸困难的临床症状似乎指向急性型的经典猪瘟。2007年6月，中国科学家确诊该病为非典型性PRRS。引起该病的PRRSV在非结构蛋白2（NSP2）上缺失30个独特氨基酸，但这似乎与毒力无关。随后，该病被命名为"蓝耳病""高致病性PRRS"或"非典型性PRRS"。

2007年3月，越南首次发现该病。虽然最初仅是小型猪场（猪群散养）暴发了该病，但随后商业化大型猪场也受到波及。

亚洲科学家试图用纯化分离株在无特定病原体（SPF）猪上复制该病，虽然曾成功复制了该病的临床症状，但未能复制出该病在实际生产中造成高死亡率的典型特征。2009年10月，中国农业部宣布，这种高致病性PRRS在5个省份再次发生，感染了7 000多头猪。该病显然不像最初流行的那么严重。2010年，越南再次暴发了新一轮PRRS。在典型疫情中，所有年龄段的感染猪都突发全身性症状，伴有体温升高（图10.7和图10.8）。普遍出现耳朵和肢体末端发绀，以及结膜炎（图10.9）。直肠温度高的母猪，温度可能超过41℃，发生流产（图10.10），母猪的死亡率也很高。

该病的控制措施与PRRS相同。对于各国而言，关键是采取严格的生物安全措施，以确保该病不会进入本国。

图10.7　在感染早期，猪挤在一起，出现战栗和皮肤潮红的症状。注意猪的体况良好，表明急性发病。图片由Nguyen Duc Nhan提供。

图10.8 几乎所有年龄段的感染猪均出现临床症状。注意左侧的猪出现结膜炎且耳朵发红。图片由Nguyen Duc Nhan提供。

图10.9 常见结膜炎和耳朵发红。耳朵有时会发绀，并呈蓝色，该病因此被命名为蓝耳病。图片由Nguyen Duc Nhan提供。

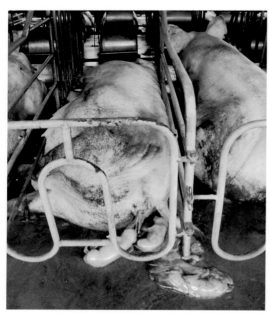

图10.10 母猪因高热病而造成全身性症状，发生流产。图片由Nguyen Duc Nhan提供。

11 猪水疱性疾病

猪的4种水疱性疾病——口蹄疫（FMD）、水疱性口炎（VS）、猪水疱病（SVD）和猪水疱性皮疹（VES），从临床症状上难以区分。这4种病毒性水疱病具有的共性特征是皮肤水疱，通常是清亮的，但有时也呈现浑浊的、无色或淡黄色的水疱。猪是唯一对这4种疾病易感的物种。口蹄疫几乎感染所有偶蹄动物，偶有例外。水疱性口炎感染马、牛、猪和鹿，而猪水疱病和猪水疱性皮疹的自然感染仅见猪的感染。

11.1 口蹄疫

口蹄疫（FMD）是一种具有高度传染性的病毒性疾病，会感染偶蹄动物，如牛、绵羊、山羊和猪。它可导致幼龄动物高死亡率和成年动物的生产损失。这种高度传染性疾病被认为是影响动物和动物产品国际贸易的重要因素。该病在世界上大多数国家都有报道。中美洲、北美洲、澳大利亚、新西兰、日本、韩国、英国、爱尔兰和北欧的部分国家已经宣布为无口蹄疫地区。它们采用不免疫策略，同时禁止进口所有来自口蹄疫疫情国家的活畜和动物产品。无疫国家若发生口蹄疫，则将立即禁止所有牲畜

和动物产品交易活动，并将感染农场和紧邻的农场进行隔离。所有感染动物和与感染动物接触的偶蹄动物都将被销毁。因此，一旦正式确认口蹄疫侵入到无疫国家，其经济损失将非常严重。20世纪90年代后期，O型口蹄疫病毒（FMDV）泛亚毒株从亚洲传入南非、欧洲，造成破坏性暴发。日本和韩国在保持无疫10余年后的2010年，同时报告发生了口蹄疫。粮农组织向全球动物卫生当局发出暴发警报。

口蹄疫在南美、非洲和亚洲的许多国家都呈地方性流行。该病在东南亚几乎所有国家/地区都存在。菲律宾最后一次有记录的疫情发生在2005年12月。至2011年，菲律宾被世界动物卫生组织认定为口蹄疫无疫国家。婆罗洲岛（又名加里曼丹岛，包括马来西亚婆罗洲岛、文莱和印度尼西亚婆罗洲岛）也被认定为口蹄疫无疫地区。

口蹄疫病毒属于小核糖核酸病毒科，口蹄疫病毒属，共有7种血清型，分别为A型、O型、C型、南非1型、南非2型、南非3型和亚洲1型。其中A型、O型和C型分布最广（表11.1）。

不同血清型之间没有交叉免疫保护。每种血清型都有一系列的亚型。针

对一种血清型的感染或疫苗接种不能对另一种血清型提供保护。除了口蹄疫病毒抗原变异之外，宿主感染性也存在变异。虽然大多数毒株的宿主范围很广，但某些毒株的宿主范围有限，如1997年在中国台湾引起流行的O型口蹄疫毒株的拓扑型为古典中国型，该"嗜猪型"毒株很容易感染猪，在自然条件下不会感染牛，牛可以通过试验接种感染，但也有一定难度。因此，临床兽医需要意识到，在一些地区，口蹄疫可以在没有反刍动物明显参与的情况下，在猪群中暴发。

表11.1　口蹄疫病毒不同血清型的地理分布

血清型	地理分布
SAT1，SAT2，SAT3	非洲
Asia1	亚洲
A，O，C	非洲、亚洲、南美洲和欧洲部分地区

该病毒可以在冷藏温度下存活数月。如果冷冻，则可存活数年。病毒可以在肉制品和奶粉中存活。阳光直射和加热会失活。FMDV对许多常见的消毒剂具有抵抗力，在pH7～9范围内稳定。因此，大多数用于杀灭口蹄疫病毒的消毒剂为pH小于7的酸性消毒剂或pH大于9的碱性消毒剂。常用的碱性消毒剂包括碳酸钠、氢氧化钠和偏硅酸钠，酸性消毒剂包括乙酸、甲酸和硫酸。酚和季铵盐类消毒剂效果较差。感染猪通过呼吸道、分泌物和排泄物排出病毒。猪通常被认为是"放大器"，因为感染猪通过气溶胶排毒的量是感染牛的1 000倍。猪甚至在出现特征性症状之前就开始排毒。猪群密度高的区域的猪很容易通过空气传播而感染。接触过发病猪的人员（养猪人、农场主、兽医、药品和饲料销售人员）可以通过机械方式传播该病，也会进一步污染设备、鞋子和车辆。韩国于2010年发生的口蹄疫的传播归咎于农场的兽医。先前运输过感染猪的运输工具可能被病毒污染，屠宰场也可能是口蹄疫病毒的来源。在养猪场外的道路放牧牛和山羊是非常危险的。在养猪密度大的区域，感染猪会导致大量含病毒气溶胶的产生。因此，一旦疾病从牛传染猪，疫情的蔓延和暴发程度就会加剧。但猪会清除感染病毒，不会成为持续感染口蹄疫病毒的携带者。

11.1.1　临床症状

由于潜伏期短（2～8d），口蹄疫常呈突然暴发。最初症状是发热、精神沉郁和食欲不振。首先能观察到的病变是冠状带出现发白的区域（图11.1），随后延伸到蹄部软组织、趾间间隙、球部和悬蹄及上方的皮肤。这些白色区域发展成水疱（图11.2 L、R）。

水疱也会出现在口鼻部（图11.3L、R）、唇部、舌（图11.4）和口腔黏膜上。猪会大量分泌唾液。

当能够看见水疱时，猪表现出严重的跛行。猪蹄部产生剧烈疼痛，许多猪表现为躺卧而拒绝站立（图11.5）。

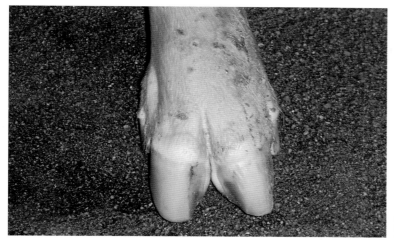

图11.1　早期病变始于冠状带上方的皮肤区域变白，这些病变很快发展成水疱。

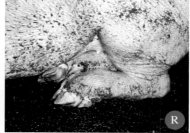

图11.2　一头口蹄疫病猪的后蹄冠状带上方的皮肤形成水疱。左图显示从远处可见病变处为冠状带的白色区域。右图是后蹄水疱的特写。注意在悬蹄的侧面上存在破裂水疱的部位。

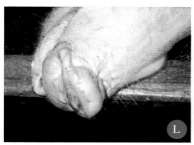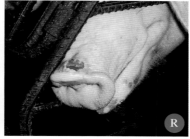

图11.3　患有口蹄疫的母猪的鼻子上水疱的壁很薄，并且含有淡黄色的液体（L）。水疱通常在3～4d的时间内破裂，破裂后发生糜烂并伴随疼痛（R）。

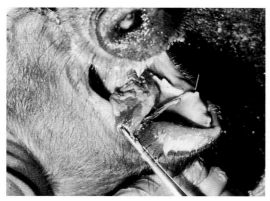

图11.4　水疱破裂后，舌也会出现糜烂（由怡保兽医研究所提供）。

图11.5　患口蹄疫的猪躺卧不起，不愿意站立行走。急性发病通常表现为突然出现大量猪跛行。

因为水疱的壁很薄，并且含有淡黄色的液体，所以很容易破裂，而裸露出上皮（图11.6）。在早期，这些伤口为鲜红色。在继发细菌感染的情况下，这些溃烂会变成深度溃疡。这有时会破坏蹄壳基底部，在严重的情况下甚至会导致蹄壳完全脱落（图11.7）。

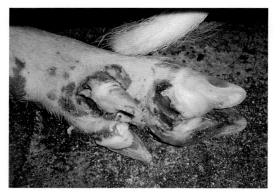

图11.6　水疱破裂，裸露出上皮下的组织。若继发细菌感染，可导致深度溃疡，并破坏蹄。

图11.7　严重时，蹄壳可能会脱落。

如果被迫行走，它们以跳跃的步态行走并发出痛苦的尖叫。这就是为什么口蹄疫暴发的主要表现是突然出现大量猪跛行。

通常，在泌乳母猪可见乳头损伤（图11.8）。

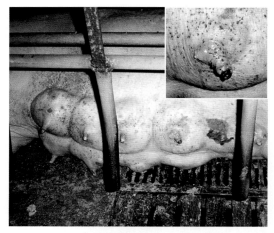

图11.8　泌乳母猪乳头发生水疱和溃烂。插图：乳头的特写，乳头尖端处有水疱和糜烂，恢复后成为瞎奶头。

乳头损伤可能导致无法哺乳仔猪，因而不得不淘汰这些母猪（图11.9）。

疾病暴发期间还常发生母猪流产。尽管发病率很高，但死亡率很少超过5%。在成年猪中，感染猪的死亡可能不是由于病毒感染本身引起的，更多的是由于无法进食而饥饿致死。种猪可能由于蹄部畸形导致长期跛行而被淘汰。

哺乳仔猪由于心脏受到损伤，总死亡率可能高达50%。死亡仔猪可能没有水疱病变的症状。

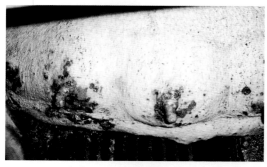

图11.9　患有口蹄疫的母猪的乳头会产生瘢痕而坏死，从而导致母猪因无法继续哺育仔猪而被淘汰。

11.1.2 病理变化

　　剖检可见很多部位存在水疱和糜烂。相比于口部，蹄部病变更常见。

急性死亡的仔猪心脏可见片状坏死，这种出现白色条纹样病理变化的心脏称为"虎斑心"（图11.10）。

图11.10　患口蹄疫的仔猪心脏出现白色条纹状坏死（L）延伸至心肌（R）。这种被称为"虎斑心"的病变是造成仔猪高死亡率的主要原因。

11.1.3 诊断

　　当疫情表现为急性暴发，群体发病，并出现下述症状时，应考虑口蹄疫：

- 全身性疾病；
- 水疱；
- 跛行。

　　通常牛暴发口蹄疫后，猪的口蹄疫会伴随发生（但也不全是），因此，牛口蹄疫的暴发对我们有警示作用。由于猪群中急性口蹄疫的症状是显而易见的，对该病的现场诊断也比较容易。在每次暴发过程中，往往都能观察到各个阶段的病情（早期、中期和晚期）。除口蹄疫外，猪还有其他3种水疱性疾病。它们是水疱性口炎、猪水疱病和猪水疱性皮疹。这些疾病在临床上无法区分。

　　但是，这4种水疱病中，后2种仅感染猪。水疱性口炎仅在美洲有检出史。猪水疱病在中国香港、中国台湾和日本以外的亚洲国家或地区没有发病史。最

后一例猪水疱性皮疹病例报道于1956年的北美。因此，除非另有证据，亚洲国家猪场发生猪水疱性疾病，应首先怀疑为口蹄疫。进一步的实验室检测对于确诊相关血清型至关重要。送往实验室的材料包括水疱液、未破裂水疱的水疱皮、抗凝血和血清样本，以及死亡猪的淋巴结、甲状腺、肾上腺、肾脏或心脏样本（应用pH 7.5甘油缓冲液保存）。样本应新鲜，而且是从多个发病动物身上采集的。实验室检测包括以下内容：

　　（1）抗原捕获ELISA。

　　（2）从组织中或实验动物体内分离病毒。

　　（3）直接利用病变材料进行补体结合试验。

　　（4）血清学检测，如补体结合试验、病毒中和试验和ELISA。

　　（5）动物传播检测。

　　目前，ELISA已广泛取代补体结合试验，用于检测抗原。

每当怀疑有水疱性疾病时，必须立即通知动物卫生当局。

11.1.4 控制

除了使用抗生素来预防继发性细菌感染外，没有针对口蹄疫的特异疗法。

大量反刍动物的存在是亚洲部分地区口蹄疫地方性流行的重要原因。很多时候，猪口蹄疫的暴发伴随着牛口蹄疫的暴发。庭院养殖的猪似乎特别易感口蹄疫。由于庭院养殖户是使用泔水的主要群体，因此，也面临更大的口蹄疫风险。另外，规模化猪场周边如果有牛或水牛等反刍动物存在，则猪场也面临危险。走私的活体动物和动物产品也是造成东南亚部分地区口蹄疫疫情的原因。

对于农场而言，严格的生物安全措施对于防止口蹄疫进入农场至关重要。2010年和2011年口蹄疫在韩国等以前口蹄疫无疫国家的暴发，突显出了保持良好生物安全性的重要性。

11.1.5 疫苗接种

在地方性流行的地区，口蹄疫的控制主要是通过油佐剂灭活疫苗的接种。用于牛的、以氢氧化铝和皂苷作为水溶性佐剂的疫苗对猪的效果较差。建议每年对猪群免疫接种2～4次，且选用疫苗毒株的血清型应与流行毒株的血清型相同。实验室鉴定流行毒株，来确定使用何种抗原的疫苗非常重要。

如果发生口蹄疫，必须确定口蹄疫病毒的血清型。尽可能选择与引起疫情毒株血清型相同的疫苗株进行免疫接种。

如果某地区的牛或猪暴发口蹄疫疫情，则该地区未发生口蹄疫的农场应采取以下预防措施：

a.农场停止引种，直到疫情结束为止。由于农场主一般不愿意在发生疫情时及时通知有关部门，当有关部门确定疾病暴发时，该疾病可能已经流行一段时间，因此未发病农场不应接受特定地理区域不受影响的任何保证（即对口蹄疫疫区的划定应保持谨慎）。

b.在任何情况下都不要随便拜访其他农场。在暴发疫情时，农场主有相互交流的倾向。前往暴发口蹄疫疫情的农场可能会将病毒带回自己的农场。

c.采取严格的消毒程序，使用有效的消毒剂（酸或碱）。石灰是一种常见且有效的消毒剂，但是其具有腐蚀性，有些材料上不宜使用。

d.将农场拜访者数量限制在最低。向访客提供已消毒的长筒胶靴。在多个农场之间工作的养猪人、推销员、兽医都可能机械性传播病毒。在农场大门口处准备一桶消毒剂，拜访者进入农场前在需要将长筒胶靴踩入桶中进行消毒。

e.对运输车辆的轮胎进行消毒。如有可能，勿让车辆驶进农场大门。

f.一旦农场暴发疫情，通知有关部门。

g.如果允许免疫接种，给猪接种相应血清型的疫苗。

11.2 水疱性口炎

水疱性口炎起源于马，现在牛和猪也可以感染。人和数种野生动物也可以感染。大多数实验动物能在试验条件下感染。水疱性口炎病毒属于弹状病毒科，有2种不同的抗原型，两者不能交互免疫。这种疾病只在西半球出现过。尽管人们认为节肢动物（如白蛉）可作为载体传播病毒，但其传播方式尚不清楚。在临床上，它类似于其他水疱性疾病。病程约2周。感染动物康复后通常不会形成疤痕。康复的猪通常对再次感染具有良好的免疫力。发病率不固定，在无并发症的情况下，死亡率通常为零。

11.2.1 诊断

由于该疾病仅在西半球有发生，因此亚洲猪群暴发水疱性疾病时水疱性口炎的可能性较小。确诊应进行病毒分离鉴定，可通过组织培养法、实验室动物或鸡胚接种法进行病毒分离。利用病变材料进行补体结合试验可以进行快速诊断。血清学检测方法包括补体结合试验、病毒中和试验和凝胶扩散试验。

11.2.2 治疗

暂无对水疱性口炎的特异性疗法。为猪提供充足的饲料和水，可防止猪体重过度减轻。对病变部位进行预防性治疗，防止继发感染。

11.3 猪水疱病

猪水疱病（SVD）由微RNA病毒科肠病毒属的猪水疱病病毒引起。1966年，意大利首次报道暴发猪水疱病，随后在中国香港、波兰、奥地利、法国、英国和意大利等地区或国家暴发。该病在其他国家或地区也有报道，并且在全球迅速传播。尽管该病对经济影响不大，但由于临床上与口蹄疫难以区分，因此具有重要意义。易感猪通常通过皮肤轻微擦伤而感染。被感染的猪会大量排毒，通过粪便排毒长达3周。猪群内的传播是通过易感猪与感染猪或其排泄物接触而发生的。污染粪便导致的传播是病毒传播的主要方式。被感染的猪组织中的病毒可以长期存在于猪被屠宰后的猪肉或猪肉产品中。饲喂泔水导致的病毒传播是许多国家新暴发该病的主要原因。

关于猪水疱病，通常首先在猪群中突然有几头猪出现跛行后被检测到，并且跛行猪还表现静卧不起，即使在食物充足的情况下也是如此。从发病到恢复很快，一般来说，猪在3周内恢复正常。但是，继发感染可导致慢性跛行。

11.3.1 诊断

实验室诊断时，可以通过补体结合试验、病毒中和试验和病毒在组织中培养时的生长差异，将猪水疱病与其他水疱性疾病区分开。

11.3.2 控制

由于猪水疱病病毒在腌制的猪肉产品中可以长期生存，因此彻底烹饪猪肉类泔水是至关重要的。可用NaOH溶液（3%）、福尔马林（8%）和次氯酸盐溶液（8%，pH 8.0）等消毒剂可以对污染的环境进行消毒。猪水疱病病毒可以感染人，因此实验室工作人员或田间可能接触该病毒的人们需要格外小心。

11.4 猪水疱疹

猪水疱疹是由嵌杯病毒科的猪水疱疹病毒引起的一种急性、发热性传染病。只有猪易感，病程为1～2周，死亡率低，单纯病毒感染可完全康复。从美国加利福尼亚州沿海的海狮和海豹体内曾分离出一种类似的病毒——圣米格尔海狮病毒。除了美国夏威夷和冰岛的局部暴发（孤立疫情）外，猪水疱疹仅在美国见有发生。该病已于1959年被根除。

猪水疱疹可通过直接接触和被病毒污染的垃圾进行传播。海洋动物可能是猪水疱疹病毒的储存库。目前在试验条件下，人工接种猪水疱疹病毒，多种家养动物和实验动物均可感染。利用已知抗血清进行噬斑试验，可对猪水疱疹与其他水疱性疾病进行鉴别诊断。

12 猪跛足

对于种用动物而言，肢蹄功能健全的重要性不言而喻，如在配种方面。然而，在幼龄动物，因运动障碍和肢蹄病变引起的损失通常遭到忽视。

对于哺乳仔猪，运动障碍和肢蹄问题是导致断奶前死亡率升高和生长速度减缓的主要因素。因为它们可能会被母猪压住而降低它们的吮乳能力。对于生长育肥猪而言，运动障碍被认为影响相对较小。然而，由于增重减缓、对其他疾病的易感和屠宰评级的下降等造成的损失是巨大的。

集约化养猪的劣势之一是对猪肌肉骨骼系统会产生不利影响。猪场建筑的设计、选材和管理不当共同导致了猪只跛行问题。现场观察及试验表明，在人造地面上饲养动物，肢蹄病的发病率更高。诸如石板地面、漏粪板以及混凝土地板等不同的设计和地板质地已经有所改进，但是何为完美的地板尚无定论。

下文主要论述引起猪肢蹄病的常见原因，其中一些原因已经在其他章节讨论过，下文就一些不常见的原因进行简单论述。

12.1 哺乳仔猪跛足

以下是几种造成哺乳仔猪跛足的原因（表12.1）。

表12.1　哺乳仔猪跛足

状态	年龄段
先天缺陷	初生
八字腿	初生
先天性震颤	初生
腕关节及蹄部磨损	1周龄
外伤	0～4周龄
传染性多发性关节炎	0～4周龄
支原体性关节炎	3～10周龄

现已公认约有32种肌肉骨骼系统的先天性缺陷（图12.1和图12.2），但绝大部分经济意义较小。肌肉骨骼系统的先天性缺陷主要包括关节挛缩症、八字腿、

图12.1　多趾症是引起哺乳仔猪跛足的先天性缺陷之一。

图12.2 短趾症是一种引起哺乳仔猪跛足的肌肉骨骼系统的先天性缺陷。

短趾症、脊柱侧弯、斜颈、多趾症和并趾症。

12.1.1 先天性八字腿

先天性八字腿是肌肉骨骼系统最常见的先天性缺陷。长白猪的发病率高（图12.3）。临床上，患病仔猪表现为严重的跛足和无法站立。病猪后肢内收，某些病例甚至影响前肢。病猪可能由于无法靠近母猪乳房而被饿死，或者由于母猪躺下时无法躲避而被压死。可以用绷带或者胶带将病猪的后肢按照数字8的形状固定，帮助其以三个支撑点站立。如果能协助病猪哺乳，使其活过出生后1周，通常可自愈。

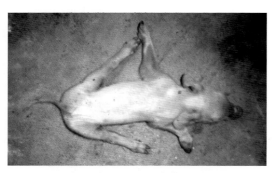

图12.3 先天性八字腿影响猪的后肢，是肌肉骨骼系统最常见的先天性缺陷。在本病例中，猪的前后肢均呈现先天性八字腿。

12.1.2 腕关节和蹄部磨损

仔猪的这些磨损通常是由于在吮乳时膝关节和后肢在混凝土地板上摩擦所致。这些磨损很常见（见第9章）。如果蹄部磨损过于严重，则可能导致行动能力下降。另外，腕关节病变继发细菌性感染可能导致关节炎。预防措施包括修整粗糙的地板、提供合适孔径的金属地板以及给猪群提供垫草。

12.1.3 传染性多发性关节炎

传染性多发性关节炎也叫败血性多发性关节炎或"关节病"，是仔猪断奶前运动障碍的常见致病因素。在病猪体内能够分离到的几种病原菌包括链球菌、化脓性放线杆菌、葡萄球菌和大肠杆菌，但许多国家认为猪链球菌Ⅰ型是最为常见的病原。

单个关节感染，往往是由于蹄部被漏粪板卡住出现外伤、被母猪踩踏或腕关节磨损等因素造成细菌入侵关节引起的。多发性关节炎病原的入侵门户可能是扁桃体、小肠（比如猪链球菌）或脐带。已观察到该病发病率的上升与断尾及剪牙有关，其他感染途径也是有可能的。链球菌性关节炎可能单独发生，也可能并发败血症和脑膜炎。

支原体性关节炎/多发性浆膜炎主要影响3～10周龄的仔猪（即较大的哺乳仔猪或断奶猪），大猪偶有发生。猪鼻支原体通常可以在幼猪鼻腔或气管、支气管分泌物中检出。应激因素或其他疾病（如肺炎）可能引起本病突然暴发，急性期的临床特征是体温中度升高、跛足和关节肿胀。关节损伤在亚急性期最严重，以跛足和关节肿胀为主要临床症状。3 ～ 10周龄猪出现浆液纤维素性至脓性纤维素性多发性浆膜炎以及关节炎病变时，通常提示为猪鼻支原体感染。此病重要的鉴别诊断是副猪嗜血杆菌引起的格拉瑟氏病（见第6章）。尽管猪鼻支原体对泰乐菌素和林可霉素非常敏感，但治疗效果并不十分理想。原因可能是该病引起的炎症反应会阻止抗生素的渗透或者缩短其药效的持续时间。

12.2 断奶仔猪跛足

常见的导致断奶仔猪跛足的疾病及仔猪易发年龄见表12.2。

表12.2　断奶仔猪跛足

疾病	发生年龄
栏位或地板导致的损伤	任何日龄
腐蹄病	任何日龄
格拉瑟氏病	5 ～ 8周龄
纤维性骨营养不良	8周龄以上
佝偻病	8周龄以上
支原体性关节炎	12 ～ 24周龄
脊髓脓肿	生长育肥猪
白肌病	育肥之前
慢性猪丹毒	10 ～ 30周龄
骨骺分离	15周龄以前
口蹄疫	任何日龄
骨折/脱臼	任何日龄
颈椎病	老龄动物
软骨病	哺乳期
腿虚弱综合征	6月龄以后

12.2.1 支原体性关节炎

断奶仔猪的支原体性关节炎由猪滑液支原体引起，其特征是10 ～ 20周龄的猪急性跛足。本病较少发生，主要在美国有相关报道。病猪体温往往不会升高，但通常可观察到跛行、跛足、步态僵硬和犬坐姿势。食欲可能稍有影响。急性期持续1周左右，之后跛足程度显著减轻。许多康复猪要么不在跛足，要么步态僵硬，发病率波动较大（1% ～ 50%），但死亡率通常很低。可从急性期病猪的关节液中分离到病原。治疗应该在早期进行，可以使用诸如泰乐菌素、林可霉素和泰妙菌素等抗生素，最好与类固醇类激素联合使用。

12.2.2 营养性疾病

许多营养性疾病都与肌肉骨骼系统疾病有关。

佝偻病，过去与日粮配比严重不均衡有关，现在几乎很少发生。病猪厌食、发育不良、跛足、关节肿胀、前肢弯曲。许多患病猪都呈犬坐姿势。日粮中钙、磷应充足。鉴于亚洲亚热带地区充足的光照，维生素D缺乏似乎不太可能发生。

12.2.3 腐蹄病

腐蹄病是一个通用术语，用来描述各类败血性疾病因素侵入各日龄段猪蹄部而引起的症状。粗糙的混凝土地面、潮湿且不卫生的环境和劣质的垫草是导致蹄部疾病的主要原因（图12.4）。原发性病变是某些形式的蹄裂或蹄部损伤，导致感染性病原体的入侵，引起化脓性蹄叶炎（图12.5）。包括蹄底、蹄踵、趾溃烂和蹄部开裂（砂裂）（图12.6），以及蹄底和蹄部在白线处开裂。

入侵的微生物主要是坏死梭菌、化脓性放线杆菌或螺旋体。后肢的外侧蹄更容易感染，由败血性蹄叶炎导致的跛足（图12.7）通常是单侧蹄发生，病猪不愿让患肢负重（图12.8）。少数情况下，可能数个蹄同时感染。预防措施包括改善卫生条件和饲养管理水平。地板表面应清洁、干燥和抗磨损。猪应每周在5%～10%的福尔马林溶液中进行2～3次蹄浴。

图12.4　粗糙的混凝土地面导致育肥猪和母猪发生蹄叶炎和跛足。

图12.5　急性蹄叶炎，蹄部软组织的炎症，是断奶仔猪跛足的常见病因。

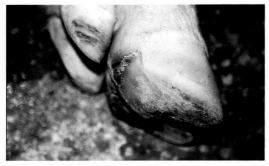

图12.6　蹄裂，也叫砂裂，使得病原微生物容易进入蹄部，导致猪的蹄叶炎。

图12.7　败血性蹄叶炎是由细菌入侵蹄部软组织导致的，但诱因通常是粗糙的混凝土地面和恶劣的环境卫生条件。

图12.8　蹄叶炎患猪的典型站姿，病猪试图避免将体重压在患肢上。

12.2.4　格拉瑟氏病（副猪嗜血杆菌病）

该病可引起猪的传染性多发性浆膜炎和关节炎（图12.9和图12.10），与

图 12.9　副猪嗜血杆菌引起的跗关节多发性关节炎。

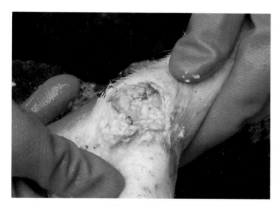

图 12.10　图 12-9 的跗关节切开后的脓性渗出物。

图 12.11　四肢无力是一个未被很好理解的、用于描述 6 月龄以上猪行走障碍的术语。图示后备猪缺乏站立或正常行走的能力，最终被淘汰。

猪鼻支原体引起的多发性浆膜炎高度类似。该病主要影响刚断奶的猪（5～8周龄）。然而，该病主要表现为全身性疾病，将在另外一章中进行详细讨论（见第 6 章）。

12.2.5　四肢无力

四肢无力不指代某种特定疾病，因为它对不同的动物有着不同的含义。该术语通常用于 6 月龄以上的动物运动功能受损或足部结构有缺陷的情况（图 12.11）。

有人认为，骨骼异常和四肢无力是长白和大白猪的遗传病。也有人认为这是一个复杂的问题，涉及出生时八字腿的程度、运动量（缺乏）、增重速率以及关节损伤的严重程度。关节结构异常也与运动功能低下有关。有人认为这和选育生长速率和瘦肉率有关，从而导致一个更重的身体由一个未成熟的骨架来支撑。已证实，运动功能障碍的动物易见感染性关节炎、骨软骨病和骨关节炎等。

12.2.6　股骨近端骨骺分离

这种情况在青年母猪的特点是各种形式的后躯瘫痪。跛足和僵直常见于母猪哺乳中后期。母猪呈犬坐姿势，不情愿或无法站立（图 12.12），当强制站立时，可能会痛苦尖叫。

通常认为这是由于骨骼矿化不充分，从而导致盆骨、股骨或腰骶椎骨的病理性骨折引起。从 5 月龄到 3 岁的公猪和母猪，都可能发生股骨颈沿着近端骨骺与股骨头分离（图 12.13）。这可能与猪的近

图12.12 泌乳母猪突发跛足（通常发生在第一胎时），股骨骨折导致股骨头分离，无法站立，呈犬坐姿势。

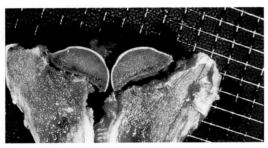

图12.13 6月龄到3岁之间的母猪有时会发生股骨头和股骨颈沿近端骨骺分离。图片由Love RJ提供。

端骨骺直到3岁至3岁半才闭合有关系。

发病机理目前尚不明确，但通常认为是软骨病的后遗症。

单侧或双侧病例都可见。病史通常都是严重跛行的急性发作。

不过，股骨近端骨骺分离有时也可能是隐性的，需经过1周后发病。

治疗效果不佳，患病猪一般直接送宰，肉品可回收利用。

12.2.7 猪丹毒

非致命性急性或亚临床猪丹毒感染的特征性后遗症是关节炎引起的跛足（见第6章）。

12.2.8 脊椎脓肿

脊椎脓肿主要见于生长育肥猪和成年猪，最常见的临床症状是后躯瘫痪。目前感染途径尚不明确。

12.2.9 口蹄疫（见第11章）

口蹄疫大概是唯一会导致大量猪暴发跛足的疾病。

由于病变很典型，对急性口蹄疫很容易做出诊断（图12.14）。

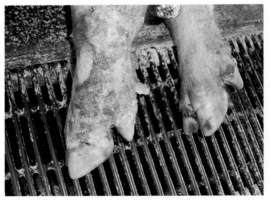

图12.14 口蹄疫引起猪四肢末端的小囊泡或溃烂，猪群突然大量发生跛足，应重点怀疑口蹄疫。

12.2.10 坐骨神经损伤

坐骨神经损伤多是由于臀部肌内注射操作失误引起的。此病的高发生率可能与对同一个年龄段猪集中进行补铁操作或疫苗免疫有关。最明显的临床症状是跗关节跪地（图12.15），这是由于后膝关节无法弯曲导致的。

图12.15　保育舍内猪表现为跗关节跪地，这是由于臀部肌内注射不当引起坐骨神经损伤导致的。

坐骨神经损伤会导致末梢感觉功能下降或缺失。这会引起蹄部损伤和溃疡（图12.16）。这种损伤几乎都是单侧的，仅涉及一侧肢体。患病猪数量的突然增多通常与猪场新雇员工有关。通常仔猪多发。如果种猪患此病，淘汰将不可避免（图12.17）。

图12.16　坐骨神经损伤的猪末梢感觉丧失，导致蹄部的创伤和溃疡，这通常是由于注射操作不当导致的，因此往往单侧发生。

图12.17　公猪右后肢长出包来，膝关节无法弯曲，这是由于臀部肌内注射不当损伤坐骨神经导致的，这样的公猪只能淘汰，肌内注射最好选择颈部进行。

12.2.11　中耳感染

严格地讲，本病不是一种跛足疾病。这是一种耳前庭综合征，患猪头颈倾斜，将头部倾向患病一侧（图12.18）。更严重的病猪向同一方向做转圈运动。耳部前庭的损伤被认为是中耳感染的蔓延。此病通常单侧发生，且仅为个体发病。发病较轻的猪可能随着时间的推移而康复或症状减轻。此病的诱因难以确认。疥螨引起瘙痒，导致猪将耳朵在坚硬物体上摩擦，可能是其中的一个诱因。高压水枪清洗栏舍时，若水意外流进入猪耳道时，也会导致耳道感染。治疗措施既没有经济意义，效果也不佳。

图12.18　猪头颈倾斜多是由中耳感染导致。

13 猪体内寄生虫

管理方式、栏舍、土壤类型与排水系统、卫生条件、猪群密度、气候等影响猪体内寄生虫的数量。寄生虫的影响主要体现在经济方面：亚临床感染可延长猪达到上市重量的饲养周期，降低饲料转化率，以及导致部分胴体的销毁。在过去的20年间，亚洲的大部分地区寄生虫的影响越来越小。

这是由猪场养殖体系的变化所引起的。由于在现代饲养管理系统中，猪一生中的大部分时间都生活在水泥建筑中，因此寄生虫病呈亚临床状态。人们也常说"最好的驱虫药是水泥地面"。当猪群在室内的水泥地面上饲养时，一些寄生虫（如肺蠕虫）会完全消失。这是因为肺蠕虫需要一个中间宿主（如蚯蚓）来完成它的生命周期。在水泥地面上，肺蠕虫的中间宿主被消灭了。但在水泥地面的密集饲养系统中，一些寄生虫病仍然存在，尽管它们所引起的问题已经没那么明显了。虽然养猪业取得了进步，但在亚洲的一些国家，仍有部分猪群饲养在户外。当猪饲养在草地或者能够接触到土壤时（图13.1），寄生虫病就非常严重了。

图 13.1　猪在户外饲养，接触土壤更容易受到体内寄生虫的感染。图片由LeVietTruong提供。

13.1 猪蛔虫（圆线虫）

猪蛔虫对现代养猪业的主要影响体现在经济方面。因幼虫阶段的迁移所导致的病变，引起人们对"乳斑肝"的不满。这对于把猪肝看作美味佳肴的国家非常重要。

猪蛔虫是猪体内最大的肠道寄生虫，成虫可长达30cm。成虫见于小肠，有时在胆管。猪通过食入被虫卵污染的饲料和水而感染。但最常见的感染源仍是被污染的地面。虫卵具有高度的耐受性。当虫卵粘在乳腺上时，仔猪可在吃奶时被虫卵感染。摄入的虫卵在小肠中孵化，之后幼虫通过钻孔的方式在肝脏和肺部进行迁移，然后再返回到小肠。在小肠变为成虫并产卵。虫卵通过粪便排出。

这就是整个生命周期。从感染到能够产卵的整个过程需要 35 ~ 60d。虫卵经由粪便排出体外到具有感染性，需要 3 ~ 4 周的时间。了解这一周期对于控制蛔虫非常重要。

13.1.1 临床症状

有时，甚至在严重感染的情况下，临床症状也不明显。感染后偶尔会引起腹泻、腹胀和瘦弱。

由于幼虫通过肺部进行迁移，在感染后 1 周左右可能出现一种通常被称为"呼吸困难"的干咳。偶尔可以见到由于胆管堵塞而导致的猪黄疸。

13.1.2 病理变化

如果在泥土地面上养猪，会在猪小肠内发现大量的蛔虫（图 13.2）。

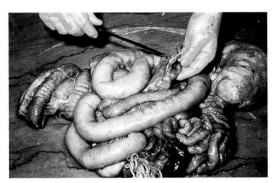

图 13.2　饲养于泥土地面上、允许在户外觅食的猪小肠内存在大量的蛔虫。

然而，在集约化管理体系的水泥地面上饲养猪的猪场，只能在剖检诊断和屠宰过程中偶尔发现病变。病变主要表现为在肝脏表面形成直径达 1cm 的"乳白色纤维化斑点"（图 13.3），在肺部也可发现局部性病变。如果猪表现黄疸，可在胆管内发现蛔虫。

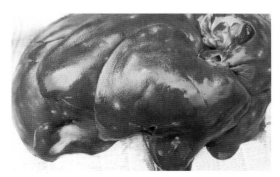

图 13.3　乳白色斑点肝脏即为肝脏的白色纤维素性病变，直径达 1cm。实际上是因猪蛔虫幼虫在肝脏内移行造成组织损伤而形成的病变。

13.1.3 诊断

诊断以在粪便中发现虫卵为准。每克粪便中 1 000 个虫卵预示着蛔虫感染很严重；在屠宰时发现乳白色斑点肝脏或肠道内发现蛔虫，预示着需要治疗或者所采取的治疗措施没有效果。

13.1.4 控制

因为虫卵不仅具有黏性，而且可以在地面存活长达 5 年，所以蛔虫的控制较难。如果猪场持续存在蛔虫感染问题，需要采用清洗剂（如碱液）或热洗涤碱对产房与育肥舍进行彻底清洗，并对母猪群进行驱虫。对于大的养猪群体，这些措施可能会很难。育肥区如果被蛔虫卵严重污染，有效的清洗可能比较困难。因此，尽管可以用驱虫药成功治疗母猪和断奶猪的蛔虫病,但是屠宰场的乳白斑点肝脏仍然会持续存在。这是因为猪舍环境中污染的虫卵有足够的时间感染生长育肥猪并完成生活史。

13.2 猪鞭虫病(鞭虫)(见第4章)

鞭虫成虫常见于盲肠和结肠中。粪便中排出的虫卵至少需要3周时间才能发育为感染性虫卵。感染性虫卵被猪摄入后,在大肠内发育为成虫。成虫需要经历6～7周时间才能产卵。

在所有的蠕虫中,鞭虫似乎不太受水泥地面的影响,主要是因为鞭虫卵像蛔虫卵一样,对环境抵抗力非常强。虫卵可以在污染的猪舍内存活数年。需要重点注意的是,鞭虫引起的临床症状类似于猪痢疾,当鞭虫病和猪痢疾同时发生时,会造成猪痢疾的诊断和治疗变得更加复杂。

13.3 兰氏类圆线虫(粪类圆线虫)

兰氏类圆线虫也称小肠蛲虫,只存活在猪体内,主要见于温热带地区。感染该虫的临床病例主要见于经由初乳感染的哺乳仔猪。当仔猪感染虫量大时,其主要症状是伴有脱水的腹泻。在较大日龄猪,似乎不会引起临床症状。然而,哺乳仔猪腹泻更多是由大肠杆菌、轮状病毒或者球虫感染所导致,而不是类圆线虫造成的。时至今日,兰氏类圆线虫在哺乳仔猪中已很罕见,尽管偶尔会在待宰猪粪便中检测到虫卵。

该寄生虫的确诊依据是剖检后在小肠中会发现其成虫。

13.4 食道口线虫(结节线虫)

食道口线虫是由盲肠和结肠入侵感染猪体内的。大于12周龄猪易感。感染后主要的病变是在盲肠至直肠末端之间形成弥漫性结节,因此常用"结节线虫"来命名该类寄生虫。猪感染后的临床症状为伴有轻度精神沉郁的增重减缓及温和腹泻。当前感染食道口线虫的病例已很罕见。

13.5 后圆线虫(肺线虫)

后圆线虫仅寄生在猪体内,长刺后圆线虫(*M. elongatus*)最常见,其他还包括复阴后圆线虫(*M. pudendotectus*)和萨氏后圆线虫(*M. salmi*)。成虫主要寄生于肺膈叶的支气管和细支气管内。临床症状类似于支原体肺炎所导致的症状,如生长猪的咳嗽。后圆线虫的虫卵很难通过粪检发现,确诊主要依据是从细支气管内找到虫体(图13.4和图13.5)。

图 13.4 在某些东南亚农村地区屠宰场例行检疫中发现的后圆线虫（长刺后圆线虫）。由 Nguyen Thi Thanh Tinh 赠图。

图 13.5 在细支气管中的后圆线虫（长刺后圆线虫）。注意支气管内存在泡沫性渗出物。由马来西亚 Putra 大学兽医寄生虫系赠图。

后圆线虫生活史需要蚯蚓作为中间宿主，实际上该病在有些国家已经消失了。但在越南、柬埔寨等国家仍然可以在屠宰场例行检疫中发现后圆线虫。

13.6 有齿冠尾线虫（肾线虫）

有齿冠尾线虫寄生于与肾脏、输尿管相通的肾周边脂肪组织内的包囊中，多发于饲养在泥土地面上的猪。虫卵可以通过尿液排出，但从被感染到从尿液中排出虫卵需 9 个月到 1 年时间。因此，通常不会在生长育肥猪中发现虫体，而常见于超过 2 岁的母猪体内。在将猪饲养于泥土地面上的某些地区，可在临近上市的肉猪体内发现存在有齿冠尾线虫导致的肝脏病变。当前很少遇到有齿冠尾线虫感染。

13.7 淡红猪圆线虫（胃蠕虫）

可在猪胃内发现胃蠕虫（图 13.6）。虫卵在土壤中进行发育，因此胃蠕虫主要感染户外饲养的猪群。

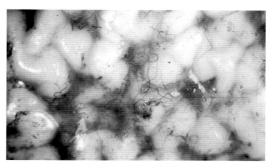

图 13.6 一头母猪胃内发现胃蠕虫（淡红猪圆线虫），此类寄生虫近年来很少见到。由 Love RJ 赠图。

13.8 猪寄生虫的防治

一般来说，所有寄生虫问题（体内、外寄生虫）都应视为全群问题。因此，寄生虫感染的控制措施应当应用于全群，包括适当的管理、栏舍清洗和药物驱虫。饲养在泥土地面或牧场的猪会受到严重感染，因为许多虫卵和幼虫在受粪便污染的土壤中发育得最好。在水泥地面上饲养的猪群，因切断了寄生虫生命周期中的中间宿主，有效地解决了寄生虫感染的问题。例如，肺线虫（后圆线虫属）的中间宿主蚯蚓，胃斜环咽线虫、美丽筒线虫、棘头虫的中间宿主粪甲虫。此外，水泥地面通过阻止寄生虫进入土壤和草地，发挥了减少寄生虫载量的重要作用。然而，如果被感染的母猪和后备猪没有得到有效治疗，蛔虫和鞭虫甚至能够污染水泥地面或其他表面。这些寄生虫的卵具有很强的抵抗力。虽然，采用水泥地面养猪已经降低了寄生虫感染的严重程度，但还没有成功将这些寄生虫完全根除。应对栏舍在驱虫后进行清洁和消毒。

尽管有些药物可以注射给予，但大多数驱虫药通常饲料添加方式给予。饲料给药的主要好处是可确保所有猪都获得足够的药物，特别是在控料的情况下。有许多驱虫药可用，一些被广泛使用的药物如下。

13.8.1 哌嗪盐类

哌嗪盐类对于驱除圆线虫和蛔虫一直有效，只需1次给药，几乎可驱除所有成虫，2个月后进行第2次驱虫，以驱除若虫阶段的幼虫。但被麻痹的寄生虫和通过粪便中排出的寄生虫依然具有活性。

饲料中添加枸橼酸哌嗪，或饮水中加入其六水化合物。推荐剂量是每千克体重275～440mg。

13.8.2 敌敌畏

敌敌畏是常用猪驱虫药中唯一含有

机磷酸盐成分的药物。它具有广谱抗寄生虫活性，对蛔虫成虫、圆线虫和鞭虫有效。给猪喷洒治疗疥螨的有机磷酸盐药物后不应立即给予敌敌畏。也不应与弱毒活疫苗（如经典猪瘟疫苗）免疫接种时一起使用或免疫接种不久后使用。推荐剂量为每千克体重11.2～21.6mg。在屠宰前至少1周禁用。

13.8.3 左旋咪唑

左旋咪唑是一种广谱驱虫药，其对蛔虫、后圆线虫、鞭虫和肾线虫成虫均有效。

盐酸左旋咪唑通过拌料或饮水施用，每千克体重8mg。注射形式为皮下注射给药（严格遵循制造商的建议）。

13.8.4 酒石酸噻吩嘧啶

酒石酸噻吩嘧啶能够有效清除蛔虫的成虫和幼虫。酒石酸噻吩嘧啶预混剂可过夜空腹后给药用于治疗，单次剂量为22mg/kg体重，或者加入饲料中用于预防，药物浓度为96g/t。

13.8.5 咪唑类

噻苯达唑对大多数蠕虫有效，但是对蛔虫或鞭虫效果差一些。

其他常用咪唑类化合物包括甲苯达唑、康苯达唑和芬苯达唑。这些化合物用于驱除蛔虫比噻苯达唑更有效。芬苯达唑对很多蠕虫（包括蛔虫和鞭虫）都有效。连续3d饲料给药对驱除鞭虫非常有效。

13.8.6 阿维菌素类

阿维菌素类药物是具有驱虫作用的一类相关化合物，是从阿维链球菌提取获得的一类抗生素。但是抗菌能力并不显著。

阿维菌素对于控制大多数的蠕虫成虫和幼虫都有效。其一大优势在于阿维菌素对包括虱和螨等在内的体外寄生虫有效。但对于鞭虫和线虫的效果要差一些。

13.8.7 潮霉素B

潮霉素B是由吸水链球菌发酵而获得的抗生素，驱虫效果有限，是一种较旧的药物，主要用于控制猪蛔虫、结节线虫和鞭虫。用药方式为拌料给药，持续用药数周时间。

13.8.8 常规驱虫程序

常规驱虫程序通常包括繁殖群与生长育肥群的常规驱虫。驱虫程序取决于寄生虫种类及其生活史。

常规驱虫程序如下：

• 经产母猪与后备母猪：转入分娩舍前驱虫。

• 断奶猪：转入生长育肥舍时驱虫。

• 生长育肥猪：转入生长育肥舍2个月后驱虫。

• 公猪：每6个月驱虫1次。

14 一些重要的猪源人畜共患病

猪能够感染和传播多种人畜共患病。这是本章讨论范围。由于狂犬病、炭疽、弓形虫病和结核病等一般不会从猪传播给人；旋毛虫病、猪绦虫病和结核病在亚洲地区的商业化猪场中相对少见；沙门氏菌病虽然可能会成为公共卫生问题，但是更多地与食物的加工处理和肉品科学相关，这已经超出本书的范围。因此，在这里，我们把讨论范围限制在以下内容中。

14.1 类鼻疽

类鼻疽病原为类鼻疽伯氏菌（之前称为类鼻疽假单胞菌），革兰氏阴性杆菌。该病影响热带和亚热带地区的动物和人类的健康，在缅甸、马来西亚、新加坡、越南、柬埔寨、泰国和印度尼西亚等地的发病率较高。该病也曾发生在澳大利亚北部、巴布亚新几内亚、菲律宾、太平洋岛屿、中国和印度。

14.1.1 流行病学

类鼻疽历来被认为是一种人畜共患病。然而，这并非绝对正确。动物和人类的感染可能具有相同的传染源，如土壤或者水，这是因为类鼻疽伯氏菌是一

种环境腐生菌，主要存在于土壤或者水中（如池塘和稻田）。在新加坡，人类感染类鼻疽的发病率高得吓人，1991—1995年共有111人死于该病。在对马来西亚的50例败血类鼻疽人类病例进行回顾时发现，男性和老年人的感染比例更高（超过30％），其最常见的诱发疾病是糖尿病。尽管大多数临床病例涉及老年人、糖尿病患者和免疫系统受损的衰竭性疾病患者，但在新加坡武装部队中，5年内也有23例健康的年轻军人被诊断出类鼻疽。

在现代化猪场中，猪舍采用的是水泥地面，猪无法接触到土壤，因此只能通过被污染的水而感染。在雨季到来时和在近期清理过的土地上饲养时，猪的患病率会大大升高。在澳大利亚昆士兰州，暴雨和洪水泛滥后，8个集约化管理的猪场暴发了类鼻疽。该地区通常不被认为是类鼻疽的流行地区。最后查明原因是这些猪场在同一条河里取水。

在作者遇到过的所有发生在马来西亚的类鼻疽病例中，通常都具有土壤挖掘的历史。其中一个例子是在马来西亚半岛南北公路的建设过程中，为了给高速公路的建设做准备，大规模土地清理导致附近养猪场的池塘受到污染。很显

然，雨水将土壤以及土壤中的有机物一起冲入到池塘，而该池塘是农场饮用水的主要来源。另一个例子是，在农民挖了一口新井之后，暴发了类鼻疽。与这个病例相反的是，在另一个病例中，挖掘新井解决了供水污染的问题。耕种蔬菜的土地是另一个养猪场暴发该病的来源。新棚和新农场道路的建设也可以导致该病的暴发。在1996年6月中旬至1998年初，由于巴贡大坝项目，沙捞越州贝拉加区出现了15例8～13岁的儿童感染类鼻疽。

屠宰场通常会遇到明显健康猪的尸体上出现特征性脓肿，这些脓肿最常见于肺、肝、肾、脾和淋巴结。新加坡在1991年之前的5年内，在被肉品检验人员确定有脓血症的猪中，有39%分离出了类鼻疽伯氏菌。

14.1.2 临床症状

患有该病的猪的临床症状并不明显。通常表现为体重逐渐减轻，见于猪的不同生长阶段，尤其是在育肥阶段。尽管患病率不高，但母猪也会受到影响。病猪表现为全身乏力，食欲不振，慢性机能衰退且伴随体温间歇性升高。个别猪可以在一两个月内反复多次发作。同一猪舍的猪也可能不受到影响。尽管该病发病率高，但从未达到100%，而病死率却通常很高。在某些情况下，大脑会受到影响，猪会表现出抽搐、轻瘫等神经症状。在特殊情况下，类鼻疽可以增加

母猪晚期流产的概率，继而导致母猪生病甚至死亡。

14.1.3 病理变化

在后期尸体剖检过程中，可以观察到多个内脏出现大小不等的脓肿，特别是肺和肝。涉及的其他器官还有脾脏、肾脏和淋巴结。在某些情况下，还可能观察到脑部脓肿。脓肿通常被很好地包裹起来，脓液无特殊气味，呈奶油样、黏稠、淡绿色（图14.1至图14.6）。尽管可以很容易地从未受污染的样品中分离出菌株，但可基于上述特征性脓肿的存在对该病进行诊断。

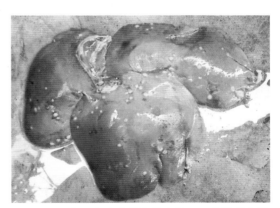

图14.1　在一个疾病暴发的农场，一头猪的肝脏因类鼻疽而出现多发性脓肿。图片由C.Y. Tee提供。

图14.2　在一个疾病暴发的农场，一头猪的脾脏因类鼻疽而引起的多发性脓肿。图片由C.Y. Tee提供。

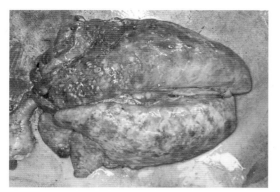

图14.3 在一个疾病暴发的农场，一头猪的肺脏因类鼻疽而引起的多发性脓肿。图片由C.Y. Tee 提供。

图14.6 类鼻疽病猪肺脏中包膜完好的脓肿。

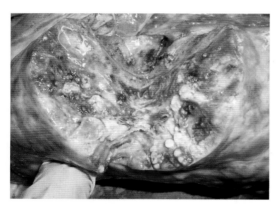

图14.4 图14.3中肺脏的一部分，脓液呈淡黄色，略带绿色。脓液呈奶油样、无臭。图片由C.Y. Tee提供。

14.1.4 诊断

通常很难根据临床症状做出诊断，但当育肥猪长期不增重的发生率很高时，应考虑其发生类鼻疽的可能性。可以根据多发性脓肿的剖检结果以及脓液的特征来进行可靠地诊断，其中仔细记录病史极为重要。另外，可以根据近期对耕作土壤进行挖掘的历史情况，并通过分离类鼻疽伯氏菌来进行确诊。因此，收集到无污染的样品非常重要。最好是将未破裂的囊状脓肿提交给细菌学实验室，而不是收集拭子。尽管在处理可能感染人类的病原时需要始终保持谨慎，但还是要指出，在一些经常流行该病的国家的土壤中存在类鼻疽伯氏菌，人类与这些病菌接触的现象非常普遍。因此，菜农、种植园丁和房屋建筑工人都可能比兽医或养猪户更容易接触到类鼻疽伯氏菌。在剖检期间遇到多发性脓肿时，工作人员经常会产生焦虑感，这很可能是过度焦虑，因为我们在种植花木时也很

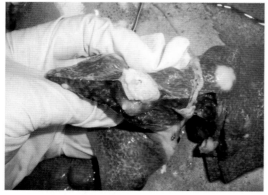

图14.5 图14.2中的脾脏的一部分，表现出与图14.4中描述的性质相似的脓液。图片由C.Y. Tee提供。

可能遇到这种病原体！在一项研究中发现，200名马来西亚的健康献血者中有53名的血清学结果呈阳性。一位专家估计，马来西亚15%～20%的人口曾与该细菌接触过。值得注意的是，尽管类鼻疽病被认为是一种人畜共患病，但尚无确凿的证据证明其人类病例是由动物传染的。

14.1.5 治疗和控制

对农场患病动物进行治疗可能不实用。该病原对氨基糖苷类、多黏菌素、青霉素和头孢菌素具有抗性，对氟喹诺酮类药物也具有相对的抵抗力，但对氯霉素、四环素和一些新型的 β - 内酰胺类药物敏感。即使抗生素疗法能够缓解临床症状，但有效性不强，而且容易复发。脓肿中脓液的存在可能是抵御抗生素充分进入菌体的因素之一。对于人类患者，建议注射抗生素至少2周，配合积极的支持疗法，随后在6周至6个月内口服抗生素。问题是尽管进行了这种积极的治疗，病死率和复发率仍然很高。因此，用抗生素来治疗病猪既不实用也不一定有效。

唯一实际可行的控制方法是根据池塘和供水系统的大小，对水进行氯化处理后使用，但这样做也不一定有效。在某些情况下，还可以通过挖掘新的饮水井来解决该问题，但讽刺的是，新饮水井的出现也可以成为问题出现的源头。

14.2 尼帕病毒性脑炎

1998年年底，马来西亚出现了一种主要涉及人和猪的神秘疾病。1998年9月至1999年4月这种疾病的暴发夺走了100多人的生命，其中大多数是养猪场的工作人员。除了人员伤亡惨重外，马来西亚价值约3.95亿美元的养猪业也遭受重创，其中包含约1亿美元的出口产值。为了控制疫情，近一半的猪群被扑杀。这种新的人畜共患病的病因随后被确定为一种新的副黏病毒，并根据其首次被发现的地点来命名，名为尼帕病毒。

这种神秘的疾病首次见于1997年，当时来自马来西亚北部霹雳州怡保市的一个养猪场的7名工人出现神经系统疾病。其中3名工人昏迷，1名随后死亡。而其他人痊愈后却仍然有神经损伤的后遗症，其诊断结果为原因不明的病毒性脑炎。1998年9月，卫生部门收到报告，同一个养猪小区的工人报告了更多的神秘疾病病例。通常，该疾病表现为突然高热和头痛，随后出现抽搐和神志不清。那些死于该病的人通常会在出现最初症状的几天之内迅速死亡。卫生部门进行了调查后得出结论，该疾病是由日本脑炎（JE）病毒引起的。为了控制日本脑炎，相关部门开始通过喷洒杀虫剂对猪场进行消毒，并对猪和人进行疫苗接种。然而，尽管卫生部门采取了控制措施，但死亡人数仍在增加。到1998年年底，至少有10人死亡，这些人都是养猪场的成年工人。到1999年1月，该疾病已通过猪的运输从马来西亚北部霹雳州传播到吉隆坡以南约60km的森美兰州。西卡马特的20名工人中有7人感染了该病，其中有5人死亡。到1999年2月下旬，该疾病已经蔓延到森美兰州的武吉不兰律市，这是一个养猪密度非常大的产区。这个地方和邻近地区的养猪数量占据全国养猪总数的50%。3月7日，从5名患者的脑脊液中分离出一种新病毒株。

到1999年4月为止，258例尼帕病毒性脑炎疑似病例中已有100人死亡。为了遏制疫情，扑杀了近100万头猪。

14.2.1 病原学

该病是由副黏病毒科的尼帕病毒引起的，该病毒在抗原和遗传上与亨德拉病毒相似，但又不同于亨德拉病毒。亨德拉病毒是一种人畜共患的副黏病毒，与1994年和1999年澳大利亚少量的马以及人的死亡病例有关。与亨德拉病毒一样，尼帕病毒的感染能力在副黏病毒中是非常罕见的，因为它能够感染包括人类在内的许多动物，并且能够引起死亡。这两种病毒都是亨尼病毒属的成员。

14.2.2 流行病学

一般认为尼帕病毒的天然宿主是狐蝠属的果蝠（图14.7），因为该病毒已经从该物种的尿液中分离出来。

果蝠，也称"狐蝠"，也被认为是澳大利亚亨德拉病毒的宿主。

图14.7 果蝠，也称"狐蝠"，被认为是尼帕病毒的宿主。

涉及的蝙蝠似乎都是大型飞狐（马来大狐蝠）。1997年，印度尼西亚婆罗洲加里曼丹森林发生大火，大火波及邻国马来西亚和新加坡。大型果蝠因此迁徙至马来西亚半岛，主要定居到刁曼岛。尼帕病毒从狐蝠到猪的传播，跨越了物种障碍，这可能只是一次偶然事件。众所周知，狐蝠会被榴梿（一种带有刺的本地水果）的花香吸引。在授粉过程中狐蝠起到重要作用，以至于当地有句俗语："没有狐蝠，就没有榴梿"。在发病猪棚，有一棵榴梿的树枝悬挂在棚顶上（图14.8），尼帕病毒可能就是这样跨越了从蝙蝠到猪的物种屏障。1997年，从欧洲进口的用于繁殖的猪就是被安置在怡保市这个特殊农场的猪棚中，然后再分配到怡保市的其他农场。正是在这个农场的工人中发现了第一批表现神经系统症状的患者，其中一个还是农场主的

图14.8　这个猪棚是1997年第一个报道饲养猪的农场工人疑似发生病毒性脑炎疫情的地点。可以注意到榴梿树的树枝悬挂在猪棚顶上。

兄弟。该病当时并未能被诊断出来，直到整整一年之后，卫生部门才开始发出警报。

除了猪，其他所有受影响的物种似乎都是终末宿主。

猪与猪之间的传播方式可能是通过直接接触排泄物和分泌液，如尿液、唾液、咽和支气管的分泌物进行传播的。其他传播方式尚未得到证实。病毒的潜伏期一般为14～16d，并且能够在第14天时检测到中和抗体。

尼帕病毒可以在没有猪作为媒介的情况下感染人类。在孟加拉国和印度，感染狐蝠的尿液或唾液污染后的水果或水果产品（例如，未加工的椰枣汁）被认为是传染源。与马来西亚人因接触感染猪而导致疾病的暴发不同，在医院的工作人员和访客可以通过与患者的分泌物和排泄物紧密接触而被感染，这种情况更可能的是一种人与人之间的直接传播。

疾病在人类上的表现

流行病学和临床症状

几乎所有马来西亚的患者都有与猪发生身体接触的病史。潜伏期似乎为1～2周。血清学检测表明，其发病率高于临床发病率。临床疾病发生的可能性似乎和频繁与活猪直接接触（如搬运）相关。不需要直接参与搬运活猪的工人（如饲料加工厂工人、农场文员）并没有被感染。而一名从西卡马特运猪到新加坡的卡车司机被感染了。值得注意的是，该司机显然参与了猪的装卸。总共报道了7名卡车司机被感染。被感染的屠宰场工人都是参与屠宰工作的工人。而肉类检查员并没有被感染。这表明该病毒在猪被屠宰后不久就失去活性，因为在猪经过脱毛槽后对其进行胴体处理的工人并没有被感染。一位女性猪肉贩子也因感染尼帕病毒而死亡。据了解她参与了家庭后院猪的屠宰过程。没有猪肉销售人员或者家庭主妇被感染的历史。而从事病猪注射治疗工作的工人更容易受到感染。根据对幸存者和家庭成员的采访，与工作相关的压力可能是重要的诱发因素。

最初的临床症状主要是发热和不同严重程度的头痛。少数患者发病后不久能恢复正常。这些患者被感染的证据是通过其血清反应推论得出的。某些患者最初阶段会出现困倦、迷失方向、言语不清和失去认知等症状。某些患者会出现惊厥，之后昏迷。大多数昏迷的患者随后会死亡。神经症状提示大脑中部以及脑桥的病变。在285名住院患者中，有105人死亡，死亡率达36.84%。

疾病在猪上的表现

流行病学和临床症状

猪群之间疾病传播的主要方式是通过引入患病猪。尽管直接接触感染猪的排泄物是一种可能的传播方式，但群内的传播方式尚不清楚。血清学研究表明，该病发病率可能很高（几乎100%），但死亡率（1%~3%）相对较低。在许多养猪场中，当母猪的死亡率异常高时，患该病的可能性就非常高，农场主应该对此警惕。在某些农场中，相对于母猪而言，其他年龄段的猪的患病率和死亡率可能会增加，但这并不一定是一个必然的特征。通常认为马来西亚的猪的地方性疾病不会引起整个生产畜群都发生全身性疾病［这些疾病包括经典猪瘟（猪瘟）、猪伪狂犬病、猪繁殖与呼吸综合征以及由猪肺炎支原体和胸膜肺炎放线杆菌引起的细菌性肺炎］。成年母猪（和公猪）通常不会出现呼吸道疾病或死亡。因此，在大多数情况下，首先可以通过母猪异常的临床症状或者死亡模式来识别该病。

试验表明，该病毒的潜伏期为14~16d。据报道，在一些（但不是全部）受到影响的农场，许多母猪和公猪会突然死亡。能观察到的早期临床体征

有发热、厌食、呼吸困难等全身性疾病的症状。对于所有阶段的猪，最明显的临床症状是严重、响亮、持续的干咳，并伴有明显的腹式呼吸，会让人联想起由胸膜肺炎放线杆菌引起的急性传染性胸膜肺炎。这种咳嗽的声音很奇特，不应与由支原体肺炎引起的咳嗽相混淆。尽管在文献中通常将其描述为"吠叫咳嗽"，但更准确的描述是声音洪亮的喇叭声，类似鹅或者海豹发出的声音。咳嗽的另一个不寻常特征是持续性。影响严重的猪可以连续咳嗽长达10min，直到它们筋疲力尽而昏倒。许多猪还会表现出大口喘气和腹部呼吸，这同样让人联想到传染性胸膜肺炎。实际上，许多病例在早期经常被误诊为急性传染性胸膜肺炎。另外，严重的呼吸窘迫可能伴有浓厚的黏液脓性鼻分泌物（图14.9）。

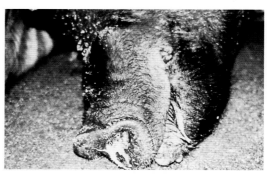

图14.9　在尼帕病毒流行期间，农场中患有全身性疾病的公猪鼻部流出浓稠的分泌物。

在某些情况下，病猪可能会出现带血的鼻涕。鼻腔排出物可能带有新鲜血液，并呈泡沫状（图14.10），或在后期出现呈暗李子色的水状排出物，并且不

会凝结（图14.11）。成年母猪或公猪的这种排出现象应被视为重要的特征性标志。因为干咳（由于支原体性肺炎）在断奶猪和育肥猪中非常普遍，所以需要将尼帕病毒性脑炎与之前描述的其他年龄段的呼吸道疾病的临床症状进行谨慎辨别。

图 14.10 持续剧烈的咳嗽后，公猪的鼻腔流出大量的血液。

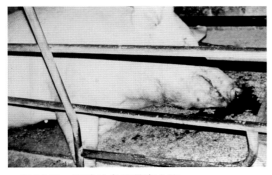

图 14.11 死猪的鼻腔带有血迹。

许多受影响的猪可能会出现运动性共济失调、肌肉震颤和抽搐。但是，要区分神经症状或者由于长时间咳嗽和呼吸困难引起的单纯肌肉无力可能并不容易。尤其是对于母猪的神经症状，包括焦虑不安以及对猪圈上的铁棍的狂躁撕咬。

许多农场都报告了暴发期间其他物种的死亡，特别是该农场中的犬和猫。尽管猪伪狂犬病（AD）也能引起类似现象，但尼帕病毒性脑炎所具有的其他流行病学特征与猪伪狂犬病的急性发作并不一样。

14.2.3 病理变化

主要病变集中在脑和肺。总体表现为大脑中的脑膜血管充血。在组织学方面，病变包括神经胶质细胞增生、噬神经细胞现象和明显的淋巴细胞浸润。肺部病变有明显的间质性肺炎、肺泡间隔内毛细血管及多数主要血管充血。偶尔能在肺泡和支气管上皮层观察到合胞体巨细胞。

14.2.4 诊断

对疾病进行早期识别显然对预防该病传染给人类是非常重要的。遗憾的是，没有可以将这种疾病与其他猪呼吸道疾病区分开来的特征性临床症状和病变。除非在农场有更有效的诊断方法，否则只有在农场工人出现神经系统症状的情况下，才有可能再次怀疑猪出现新的尼帕病毒感染。

目前已经开发并应用间接酶联免疫吸附试验（ELISA）对猪进行尼帕病毒

抗体的血清学检测，并推荐通过血清中和试验（SNT）对群体进行筛选。其他可用的诊断方法还有逆转录-聚合酶链反应（RT-PCR）和免疫过氧化物酶技术。鉴于该病的人畜共患的特性，应仅能在生物安全4级实验室中进行病毒分离、SNT或PCR，从而证明其是否是尼帕病毒感染。

14.2.5 控制

目前没有针对这种疾病的治疗方法。在受影响的农场被清群后，这种疾病在猪群中得以根除（图14.12）。

图14.12 对农场内所有猪进行扑杀，从而根除尼帕病毒。

在怀疑可能暴发尼帕病毒感染时，应优先防止人类感染。在疫情暴发之前，甚至在分离到尼帕病毒之前，应建议相关人员避免与猪进行身体接触。任何患病的猪都不应该进行注射治疗。应对所有死猪喷洒大量消毒剂进行消毒，并在清除前放置至少3h。移动死尸时应佩戴手套和口罩。在获得病毒鉴定结果之前（即我们不知道要处理哪种病毒）就应该向农场工人提供这些建议。这些建议措施是基于对该病的观察结果得出的，即所有被感染的人都是与活猪有过直接身体接触的。在屠宰场，从猪被宰杀到肉质检验的过程（＜1h）中，参与肉类加工的检查人员中没有一个被感染，而被感染的屠宰场工人都是那些参与控制、搬运和屠宰活猪的人员。因此，可以推测活的或刚刚死亡的动物才具有感染性。

养殖人员应避免在猪棚附近种植果树。人还应避免食用可能被蝙蝠的分泌物和排泄物污染的未加工的水果。

14.3 日本脑炎

日本脑炎（JE），原名日本乙型脑炎，是一种通过蚊虫传播的病毒性人畜共患病。病原为日本乙型脑炎病毒（JEV），属于黄病毒科。大多数家畜如马、牛、绵羊、山羊和猪都能被感染。实验室条件下，鼠和蜥蜴也对该病毒易感。

猪被认为是日本乙型脑炎病毒最重要的扩增宿主。猪感染后主要表现为繁殖障碍。出现脑炎疾病主要常见于马。另外，还报道过该病毒在驴和猴子上会引起中枢神经系统（CNS）损伤。而其他动物感染后通常呈亚临床表现。

本病对人类的重大影响可以追溯到发生在日本（1935年）、韩国（1949年）、印度和尼泊尔（1978年）的疫情。该病是日本、中国等西太平洋国家最常见的蚊媒传播的人类中枢神经系统疾病之一。每年蚊虫（尤其是三带喙库蚊）季节，人群中都会出现感染事件。对大多数人来说，感染后常呈亚临床或仅轻微表现。然而，在一些儿童、老人以及体弱多病或免疫力低下的人可能会发展为致命性脑炎。孕妇感染后可能有流产的风险。虽然大多数感染的健康成人表现为无症状，但若来自无疫国家以及从未接触过该病毒的人前往流行地区后接触该病毒，则可能会患上脑炎。

该病在东南亚流行。目前报道过该病的国家有日本、韩国、中国、菲律宾、印度尼西亚、新加坡、马来西亚、越南、老挝、孟加拉国、尼泊尔、泰国、缅甸、斯里兰卡、印度和一些太平洋岛屿国家等。

14.3.1 流行病学

在自然界中，日本乙型脑炎病毒呈周期性感染相关动物，包括媒介蚊（主要是三带喙库蚊）、鸟类（特别是鹭类）和哺乳动物。根据当地生态，其他蚊种可以起到主要媒介的作用。

日本脑炎对公共卫生具有重要意义。猪与人之间的感染存在明显的相关性。猪对病毒在群体中的积累过程起着重要作用。在地方性动物病流行地区，猪群的密度一般很高，是蚊子首选的吸食来源，同时易感猪病毒血症的存在使得感染蚊能够持续出现。在日本和韩国，蚊虫季节始于6月下旬（时间在一定程度上随纬度的变化而变化），在此之后的短期内猪-蚊循环表现得非常明显。此时，猪群中会有很大比例的易感幼龄种猪，而它们在冬季时对日本乙型脑炎病毒的被动免疫力已经减弱。这种易感种群的增加现象在东南亚热带地区并不普遍，因为那里的猪-蚊循环可能全年持续，使得大多数幼龄猪在早期已经获得主动免疫力。

在泰国南部地区，70%的猪对日本乙型脑炎病毒呈血清阳性，且日本脑炎的传播媒介蚊普遍存在。然而，很少有人患上脑炎。

其他动物、不同的蚊子种类以及感染周期的改变都可能是影响疾病传播的因素。虽然印度的猪数量相对较少，但这种疾病在那里产生的威胁却越来越大。

日本乙型脑炎病毒能够在温带国家的冬季存活下来。鸡和野生鸟类可全年保持血清病毒滴度阳性。冷血脊椎动物可能整个冬季携带日本乙型脑炎病毒。试验表明，该病毒可以在两种冬眠的蜥蜴体内存活。该病毒也可以从自然界中的蛇和蝙蝠体内分离出来。已有试验证明日本乙型脑炎病毒可以在库蚊、伊蚊和按蚊等多种蚊虫中增殖。在一些蚊中，如伊蚊，可观察到病毒经卵垂直传染，这可能是日本乙型脑炎病毒的另一种感染机制。

14.3.2 临床症状

感染日本乙型脑炎病毒的猪常表现为无临床症状。感染后只有怀孕的母猪表现为不正常的产仔数。该病对产仔数的影响是参差不齐的，母猪会产下数量不等、大小不同的木乃伊胎、死胎以及有皮下水肿和脑积水的弱仔。流产不是本病的重要特征。

公猪不育的情况与日本乙型脑炎病毒在实验室条件下感染的结果相似。虽然有些公猪会永久不育，但对于大多数公猪来说，这种影响是暂时的。

如前所述，大多数人感染后呈现无症状或轻微症状。然而，一小部分感染者会表现为脑炎，其症状有突发的头痛、高热、定向障碍、昏迷、震颤和抽搐。死亡率差别较大，但儿童的死亡率相对较高。

14.3.3 诊断

日本乙型脑炎病毒感染的最终诊断是从胎儿和受感染的猪中分离出病毒。

用于检测猪感染日本乙型脑炎病毒后产生的抗体效价的血清学方法包括血凝抑制试验、ELISA、抗原生物素标记ELISA、单放射免疫扩散溶血技术等。也能通过检出胎儿中的抗体进行确诊。

新开发的用于检测脑脊液中IgM的

ELISA和其他免疫分析诊断试剂盒可用于人类。然而，在进行常规接种疫苗的情况下，诊断结果可能出现假阳性。

病毒的分离鉴定：将脑提取物接种到1～5日龄哺乳小鼠脑内，接种后4～14d小鼠会出现中枢神经系统紊乱或死亡的迹象，通过对乳鼠进行体内中和试验或细胞培养来鉴定小鼠脑组织中的病毒。

14.3.4 控制

在猪方面

通过使用减毒活疫苗来控制日本乙型脑炎病毒的感染。年轻的后备母猪或公猪应在蚊虫季节开始前或交配前接种疫苗，每隔2～3周接种一次，共2次。

在亚洲的热带地区，蚊虫季节长达一年，而且大多数猪在性成熟前就会有主动免疫力，因此疫苗接种在该地区并不是例行的。而从无疫国家进口的非免疫母猪更容易发生因为日本脑炎而导致的繁殖障碍。

在人类方面

在过去曾发生过日本脑炎重大流行的国家（中国、韩国、日本），在蚊虫季节开始之前，都有针对易感人群（特别是农村地区儿童）定期接种疫苗的计划。

14.4 钩端螺旋体病（另见第10章）

钩端螺旋体病是人类疾病中罕见的

细菌性感染疾病。在猪群中，钩端螺旋体主要的血清型有波摩那型钩端螺旋体、布拉迪斯发型钩端螺旋体、塔拉索夫型钩端螺旋体、犬型钩端螺旋体、黄疸出血型钩端螺旋体和流感伤寒型钩端螺旋体。

当人的眼睛和破裂的黏膜接触到被钩端螺旋体污染的猪尿液与皮肤时，就会被传染。养猪场的工人、临床兽医和屠宰场的工人容易感染，后两者还可通过接触病猪的血液或体液而被感染。

人类的钩端螺旋体病有广泛的非特异性症状（发热、发冷、肌肉疼痛、头痛）。由于症状的非特异性，大多数钩端螺旋体病病例可能无法得到及时确诊。也有可能大多数病例在病人和医生都不知情的情况下，采用抗生素疗法，从症状上得到成功治疗。

14.4.1 治疗

建议曾与猪有过接触的人在患病时寻求医生的帮助。应告知主治医师病人的职业。出现上述非特异性症状的临床兽医应向医生提出诊断建议，因为并非所有医生都能了解兽医的职业危害。钩端螺旋体病也是屠宰场和农场工人的职业危险之一。这两种工作人员都应留意钩端螺旋体病的典型肾脏病变（图14.13）。

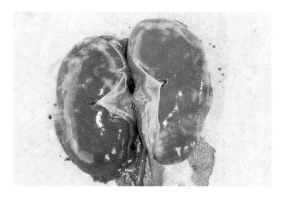

图14.13 猪钩端螺旋体病导致的间质性肾炎病变。这种病变在现场尸检中比较常见，特别是在养殖人员和精加工人员解剖猪时以及在屠宰场可以观察到。现场兽医应该注意动物源性人畜共患病的影响。

14.5 猪丹毒（另见第6章）

猪丹毒丝菌能够感染绵羊、火鸡等陆生动物以及海豚等海洋哺乳动物。对于人类，这种疾病通常表现为一种称为类丹毒的皮肤病（图14.14）。与感染动物直接接触后，人类能够感染丹毒杆菌。类丹毒被认为是农民、屠夫、厨师、鱼贩和兽医的职业病之一。这种病菌可以通过擦伤或刺伤的伤口进入皮肤，从而感染人类。

图14.14 类丹毒通常是一种自限性皮肤病，是一种农民、屠夫、鱼贩和兽医的职业病。图片由R.J. Love提供。

这种病菌能够扩散到关节、心脏、大脑和肺。然而，这种情况很少见。类丹毒通常是一种自我限制性的皮肤感染，可以通过治疗而痊愈。

14.6 猪链球菌病 （另见第6章）

感染人类的猪链球菌

虽然猪链球菌是一种人畜共患病，但这种疾病感染人类并不多见。多数患者表现为因链球菌2型引起的脑膜炎和败血症。虽然人类链球菌性中毒性休克综合征通常与A群乙型溶血性链球菌有关，但A群乙型溶血性链球菌与猪链球菌无关。然而，2005年6—8月，中国四川省人群中暴发了与猪链球菌2型相关的多器官衰竭病例。在204例病例中，有38例死亡。这种情况相当特殊。后来，再也没有发生过类似的疫情。

在越南和泰国北部曾频繁出现有关人类感染猪链球菌的事件。泰国的频发与人们食用一种名为"Larb"或"Lu Mu"的老挝肉类沙拉有关。这种沙拉由生猪肉和生猪血调配而成。2010年泰国碧差汶省发生了几十起食用这种沙拉引起的病例，并造成5人死亡。在越南，一种类似的菜被称为Tiet Canh，是人感染猪链球菌的源头，它含有生的凝固了的猪血和煮熟的猪肉（图14.15）。

图14.15　Tiet Canh，含有生猪血和煮熟的猪肉，可以成为人感染猪链球菌的源头。图片由Vu Thi Lan Huong提供。

14.7 猪流感（另见第8章）

流感病毒含有两种表面蛋白——血凝素（HA）和神经氨酸酶（NA）。基于这两种蛋白，可对不同毒株进行分类。到目前为止，共报道了15种HA蛋白（H1～H15）和9种NA蛋白（N1～N9）。鸭子和其他水禽是甲型流感病毒的主要天然宿主，它们之间能够传播所有的15种HA亚型以及9种NA亚型的流感病毒。

在猪群中传播的猪流感病毒主要亚型有H1N1、H3N2和H1N2亚型。

有3种方式导致流感病毒出现新的变异毒株。

（1）抗原漂移：抗原漂移是由于病毒基因点突变引起的抗原变异。这种情况发生在猪身上比发生在人身上少，这可能是因为猪的寿命较短。

（2）抗原转移：动物（猪）感染了

一种以上血清型的病毒（比如人类流感病毒和禽类流感病毒同时感染），并且在病毒复制过程中发生基因片段的交换，从而产生一种新的变异，抗原就会发生转移。当一种新亚型的流感病毒进入人群时，可能迅速传播。由于人类对新病毒（如2009年甲型H1N1流感病毒）缺乏免疫力，进而造成"大流行"的发生。猪流感H1N2亚型病毒是H1N1和H3N2两种病毒基因重配的结果。通常认为中国南方新病毒株的出现可能与人类在养猪、养鸭过程中与动物的密切接触有关。

（3）第3种方式涉及流感病毒的跨物种传播，比如人传染给猪，或者猪传染给人。经典猪流感病毒可以直接感染人类，有时还会造成致命的后果。以前流行在人类中的毒株也可以在猪群中保留下来并可重新感染人。

预防猪流感的措施

应禁止出现发热、头痛、流鼻涕等流感症状的参观者进入农场。人可以把流感病毒传染给猪，反之亦然。有流感症状的农场工人应该及时就诊。

鸟类可能携带有流感病毒。不鼓励在养猪的同时饲养鸡、鸭和火鸡（图14.16）。这应该被列为生物安全条款中的一部分内容。

图14.16 由于猪被认为是流感病毒的"混合容器"，因此应禁止猪与家禽一起饲养。图片由Lê Viêt Trương提供。

15 养猪生产者应该了解的有关疫苗的知识

15.1 接种疫苗

当动物感染某种疾病后，通常会生病，然后死亡或者康复。根据疾病的不同，康复的动物可能具有免疫力。然而，通过这种方式获得免疫力的代价，可能是大量的动物生病或死亡。接种疫苗是动物在没有发病或至少在很少或轻微的发病症状的情况下获得免疫力的过程。疫苗是一种含有病原体（死的或者活的）的制剂，当给动物接种时，这些病原体能引起保护性免疫应答。这种免疫可能是被动免疫，也可能是主动免疫。被动获得性免疫直接通过母猪初乳中的母源抗体传递给仔猪。这种保护是即时的，持续时间较短。主动获得性免疫是对自然感染或免疫接种的免疫反应。

因此，可以认为活疫苗接种是一种"可控的感染"。事实上，在实践中一些人（甚至在不知道的情况下）经受了免疫。例如，在父母方便的时候，如学校假期，父母鼓励孩子和其他得水痘的孩子玩耍，因为他们希望自己的孩子得该种疾病并康复，事实上，父母正在可控的感染时机下实践一种"预防接种"。同样，在传染性肠胃炎或猪流行性腹泻暴发期间，用感染仔猪的肠道内容物返

饲怀孕母猪，实际上也是一种免疫接种方式。

15.2 疫苗

疫苗通常分为两种类型：活疫苗和灭活疫苗。

（1）活疫苗：也称为弱毒活疫苗或减毒活疫苗，是一种含有活病毒的制剂（大部分猪用活疫苗是病毒疫苗），这些活病毒通常经过"修饰"（即减弱）后，能在猪体内引起感染和繁殖。因为已经被修饰过，不会引起任何临床症状，或引起的临床症状很温和。接种了这种疫苗的猪会产生主动免疫应答。一种常见的修饰或致弱病毒的方法是在实验室培养基中长时间培养。另一种修饰或致弱病原的方法是通过基因突变，去除或改变致病基因，降低病原的致病能力。猪伪狂犬病（AD）的基因缺失疫苗就是一个众所周知的例子。

（2）灭活疫苗：也称为死苗，含有已被杀死的微生物（细菌或病毒），或微生物的某个部分，如细胞膜或其毒素的灭活部分（称为类毒素）。只含有病原某个部分的疫苗也称为亚单位疫苗。亚单位疫苗也是一种灭活疫苗。灭活疫苗不

会引起感染，也不会在猪体内繁殖。

一般来说，弱毒疫苗比灭活疫苗具有更好的保护作用，因为它更接近于自然感染过程，因此可更有效地刺激免疫系统。多数活疫苗，如果在正确的时间点免疫，通常只需要接种一次即可产生足够的免疫力。在大多数情况下，这种免疫力将持续长达3年的时间。活疫苗可同时激发细胞免疫和体液（抗体）免疫应答。相比之下，灭活疫苗主要刺激抗体的产生。然而，也有例外。有些灭活疫苗在适当佐剂的帮助下，还可激发产生细胞介导的免疫应答。佐剂是一种与疫苗一起使用时可增强免疫反应的物质。

首次接种时，应在不超过3～4周的时间间隔内至少接种2次灭活疫苗，以激发足够的免疫力。然而，也有一些灭活疫苗只需免疫一次。这类疫苗可能含有对免疫系统产生更强的刺激作用的佐剂或者可通过自然感染来提供加强免疫。一般来说，灭活疫苗通常很贵，所诱导的免疫力持续时间也比活疫苗短，但灭活疫苗更安全。灭活疫苗通常需要佐剂，如铝盐、油包水或水包油乳剂、表面活性剂及其组合物。

15.2.1 标记疫苗

标记疫苗是一种可区分自然感染动物和已接种动物的疫苗，因此也被称为DIVA（区分感染动物和已接种动物）疫苗。例如，基因缺失的猪伪狂犬病疫苗

缺乏非必需糖蛋白E（gE）。接种该疫苗的猪将产生针对除gE外所有其他病毒糖蛋白的抗体。gE抗体的存在表明这头猪曾暴露过野毒。

15.3 免疫失败的原因

当发生免疫失败时，需考虑是否存在以下一种或多种原因。

诊断错误

这是"免疫失败"的一个常见原因。例如，当生产者怀疑是猪瘟（CSF）时，会认为猪瘟疫苗有效果，但实际上是另一种疾病，如败血性沙门氏菌病。因此，准确的诊断非常重要。

疫苗选择错误

疫苗可能不包含引发这种疾病的正确抗原或血清型。例如，胸膜肺炎放线杆菌约有15种血清型，这些血清型的流行率因地理区域的不同而不同。除非知道猪场中导致这种疾病的血清型，否则正在使用的疫苗可能不包含适当的血清型。

猪的生理状态

如果一种疫苗能够激发猪的免疫系统，那么猪必须是健康的。如果猪的健康状况不佳，或者受到其他免疫抑制疾病的压力，那么可能无法对疫苗做出适当的反应。例如，猪繁殖与呼吸综合征

病毒（PRRSV）的感染可能会抑制免疫系统，导致许多猪对其他疫苗的免疫反应变差。研究表明，PRRSV感染会干扰支原体、经典猪瘟和猪流感疫苗的免疫。因此，应谨慎地假设PRRSV可能也会干扰其他疫苗，建议在PRRSV血清转化期间避免给猪接种疫苗。

暴露的程度及持续时间

免疫力不是一种"全有或全无"的现象。认为猪对某种疾病具有完全抵抗力或完全没有免疫力的看法都是不正确的。在暴露量并没有非常高的情况下，猪会具有部分免疫或低免疫水平的保护。在大多数疫苗攻毒保护试验中，接种过疫苗的猪会暴露在超量的感染剂量下，通常远远高于猪在田间时的感染剂量。这里有两个假设。首先，接种疫苗的猪是健康的，且没有可能损害免疫系统的应激性因素。第二，接种疫苗的猪接受一次攻毒剂量。然而，第一个假设不一定真实，因为田间的情况可能与实验室情况大不相同。至于第二个假设，在疾病暴发时，例如猪瘟暴发，一头猪和感染猪瘟的其他猪饲养在同一猪圈里，处于不断被攻毒的状态下，其攻毒持续时间比在试验环境中要长得多。在一项试验中，同一组的所有猪在同一时间接受攻毒，但在疫情暴发时，同一猪圈内的所有猪不会同时感染。这意味着，随着疾病的传播和更多的猪被感染，病毒会不断地向外排出。在这样的环境中，猪对病原的暴露持续期要长得多。

接种疫苗太迟

为确保免疫有效，疫苗必须在猪被感染之前接种。给一头看似健康但处于潜伏期的猪接种疫苗是没有效果的。事实上，接种疫苗甚至可能加速疾病的发生，因为接种疫苗本身可能是一种应激性因素。在疫情暴发时，紧急接种甚至可能导致部分免疫的猪更快地死于该种疾病。

即使在猪被感染之前接种疫苗，猪也需要一段时间（取决于疾病）才能产生足够的免疫力来抵御疾病的挑战。如果猪在产生足够的保护性免疫之前被感染，它可能仍然会死于这种疾病。

错误的时机

许多免疫失败的案例是由于在错误的时间给猪接种疫苗造成的。不幸的是，没有一个适用于所有状况的固定免疫时间点。需要考虑的因素包括：（a）母猪初乳的抗体水平；（b）疫苗的类型；（c）需要疫苗产生免疫保护的猪的日龄。

（a）母猪初乳的抗体水平

母猪初乳中的母源抗体会在仔猪出生后的一两天内被仔猪的肠道吸收。虽然这些抗体可保护仔猪不受感染，但它也可能干扰疫苗的免疫效果。在母源抗体仍然存在的情况下，给猪接种疫苗，猪的免疫系统可能不会受到适当的刺激而可能对疫苗不产生免疫反应。猪血液中的母源抗体水平会随着年龄的增长而下降。因此，从理论上讲，给猪接种疫苗的最佳时间点是母源抗体完全消失时。然而，一个很难回答的问题是，"什么时候母源抗体会消失？"。不幸的是，仔猪体内母源抗体消失的日龄取决于许多因素，如初乳中的抗体量（其取决于母猪血液中的抗体量）和仔猪摄入初乳的量。根据抗原的不同，有些猪会较早失去母源抗体，有些则较晚。因此，在仔猪断奶时，一定比例的猪（比如60%）可能已经没有母源抗体了。如果这群猪接种了疫苗，只有大约60%的猪会产生主动免疫，而剩余的猪可能部分免疫或根本不产生免疫保护。如果这些猪在10周龄时接种疫苗，几乎所有猪的母源抗体已消失，那么所有的猪都会产生主动免疫应答。但这些都是理论假设。因为这种方法有一个缺陷，即在接种疫苗前，9周龄或10周龄的所有猪是完全易感的。如果在接种疫苗之前，猪场里突然暴发疾病，意味着该年龄段的猪几乎100%会患病。有的疾病，比如经典猪瘟，其干扰疫苗接种的抗体水平低于保护动物不受疾病侵害的水平。有些疾病，如猪流感，低水平的母源抗体会干扰疫苗接种；又如猪支原体肺炎，则需要相当高水平的母源抗体才会干扰支原体疫苗的免疫效果。

（b）疫苗的类型

接种疫苗的时间也取决于所用疫苗的类型。如上所述，接种活疫苗和灭活疫苗的时间点和免疫次数可能存在差异。

（c）需要疫苗产生免疫保护的猪的日龄

如果哺乳仔猪需要保护，则需要对母猪群免疫疫苗。母猪接种疫苗会使血液中产生高水平的抗体，从而使初乳中抗体水平升高。因此，后备母猪应该接种猪伪狂犬病疫苗，随后在分娩前几周再次接种以提高抗体水平，这样初乳中就会产生高水平的抗体以保护仔猪。针对猪伪狂犬病来说，保护仔猪非常重要，因为当急性暴发该病时，仔猪的死亡率是最高的。同样，为了给哺乳仔猪提供足够的保护，必须在分娩前给母猪接种用于保护新生仔猪大肠杆菌病和萎缩性鼻炎的疫苗。

如果猪伪狂犬病病毒在育肥猪群中循环，则对10周龄或更大年龄的猪（取决于母源抗体水平）接种活疫苗就至关重要了。

免疫类型错误

要理解为什么某些疾病的疫苗比其他疾病的疫苗效果差，必须理解黏膜免疫的概念。免疫力可能是由于血液中的抗体或黏膜表面的抗体而产生。（有些免疫类型与抗体几乎没什么关系，但这可能会使问题复杂化）。当传染性病原进入血液时，血液中的抗体是有用的，如猪瘟和猪伪狂犬病。然而，对于传染性胃肠炎或猪流行性腹泻等疾病，病毒攻击小肠黏膜表面，血液中的抗体几乎没有帮助。如果给母猪接种传染性胃肠炎或猪流行性腹泻疫苗，母猪的初乳中会有抗体，这些抗体被哺乳仔猪吸收，然后在仔猪体内进入血液。2d之后，初乳就会消失，此时乳汁中就不再有针对这些病毒的抗体。

如果仔猪感染了这两种病毒中的任何一种，病毒就会攻击并破坏仔猪的肠黏膜。血液中的抗体不能保护仔猪，因为病毒不需要穿透肠壁进入血液就能引起疾病。因此，这种情况就是军队（抗体）在错误的地方（在血液中），而战斗在其他地方（在肠道中）进行。但是，如果母猪因饲喂病毒而被感染，不仅会在初乳中产生抗体，而且还会在常乳中产生抗体。因此，只要仔猪在吃奶，就会受到保护，因为此时乳汁中的抗体不会被吸收消化，而是留在肠道内对抗传染性胃肠炎病毒或猪流行性腹泻病毒。这就是为什么即使在今天这个时代，我们仍然被迫使用这样一种古老的方法，在传染性胃肠炎或猪流行性腹泻暴发期间，将感染死亡仔猪肠道切碎处理后饲喂怀孕的母猪。正因为如此，与需要产生血液中循环抗体以防控疾病的疫苗（如猪瘟和猪伪狂犬病）相比，注射免疫对于需要黏膜表面抗体的疾病（如传染性胃肠炎和猪流行性腹泻、大肠杆菌病）效果较差。

较差的疫苗储存

所有疫苗均需依照生产商的说明进行储存。一般来说，疫苗应该储存在冰箱中。疫苗一旦溶解在稀释液中，应在当天使用完，剩下的疫苗应该丢弃。不要将任何疫苗瓶暴露在阳光下，因为活疫苗可能被灭活。

疫苗程序的规划

很明显，疫苗不能只按照制造商建议的时间点接种。因为每个猪场的情况不同，适合一个猪场的免疫策略不一定适合另一个猪场。没有一种适合所有情况的通用方法或免疫程序。因此，人们不应想当然地认为在一个国家有效的免疫程序一定适用于另一个国家。例如，在实施了疾病根除项目或根除政策的国家，疫苗免疫策略可能与疾病流行的国家大不相同。应与执业兽医讨论疫苗接种程序和使用的疫苗类型。

15.4 良好疫苗免疫实践的二十条黄金法则

15.4.1 疫苗储存

（1）药品和疫苗要存放于干净区域。

（2）使用一个清洁且功能良好的冰箱，专门存放疫苗。其他物品（食物、饮料、样品等）不应存放在冰箱内（图15.1）。

（3）定期给冰箱除霜。

（4）装满冰箱，根据先进先出原则使用疫苗。

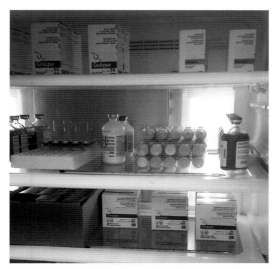

图 15.1　疫苗应该储存在专用冰箱内。

（5）保持疫苗储存在 2 ～ 8℃环境中（图 15.2）。

（6）避免冷冻，使用高低温度计定期检查温度。

图 15.2　应定期检查冰箱温度，并不时地进行校准。

15.4.2 使用

（7）检查疫苗的有效期。丢弃过期疫苗。

（8）一旦疫苗被稀释或混合，应尽快使用完（通常在2h内）。在接种期间不要让疫苗受热（避免阳光直射、放在热的地方等）。

（9）使用与接种猪数量相匹配的包装规格的疫苗。

（10）定期检查疫苗的使用量与猪数量的匹配度。

15.4.3 设备

（11）使用合适的、清洁的疫苗接种工具，不含任何化学残留物（防腐剂、消毒剂等）。

a. 注射器

仔猪、育肥猪：连续性注射器，小瓶支架。

母猪：一次性注射器。

b. 针头（表15.1）应直、干净、锋利，与接种猪的大小相匹配。

表15.1　针头规格与长度

类型	规格	长度（in*）
仔猪（＜5kg）	20或21G	1/2
保育猪	18或20G	1/2
育肥猪/后备猪	18G	3/4
母猪/公猪	14或16G	1或$1\frac{1}{2}$

注：1in = 0.025 4m。

15.4.4 接种疫苗的一般性条件

（12）接种健康的猪群（不发热）。

（13）在光线充足的地方对保定良好的猪接种疫苗。

15.4.5 注射

（14）选择适宜部位注射（图15.3）。

肌内注射：

a.体重25～60kg猪：背中线以下5cm，耳后5cm。

b.后备猪、母猪、公猪：背中线以下10cm，耳后10cm。

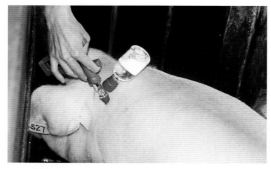

图15.3　确保恰当的注射部位及所需的注射方式，通常是肌内注射。

（15）将废弃的针头放入适当的容器中。

（16）如果是活疫苗，在接种结束后，销毁所有打开的小瓶。

15.4.6 接种程序

（17）遵循兽医制订或制造商建议的疫苗接种程序进行免疫接种。

15.4.7 器具使用后的清洗消毒

（18）每次接种后，均需对器具进行清洗消毒。

（19）对注射器具进行消毒：

a.开水煮15min。

b.高压灭菌锅蒸汽消毒（见说明书）。

c.化学培养箱消毒（见说明书）。器具下次使用前冲洗并干燥。

d.消毒液消毒。器具下次使用前冲洗并干燥。

（20）将接种工具储存在无灰尘的橱柜中。

16 猪病的控制与预防

猪病是影响猪高效生产的重要限制因素。养猪生产者很容易因烈性疾病暴发造成巨大损失，比如猪瘟（CSF）、猪伪狂犬病（AD）或猪蓝耳病（PRRS）等。虽然暴发烈性疫病造成的经济损失很明显，但我们不能忽略其他一些临床症状不突出却对养猪生产者造成巨大经济损失的重要疾病，首先想到的是猪地方流行性肺炎（猪支原体肺炎、猪气喘病）。这些疾病，如果没有其他继发感染，不会导致猪死亡，但会降低其生长速度和饲料转化率，从而对养猪生产造成很大的影响。从长远看，延迟出栏最终造成的损失可能比急性疾病暴发造成的损失更大。

亚临床性疾病，即没有明显临床症状的疾病，有时在经济上可能更重要；因为养猪生产者甚至可能意识不到猪群发病。猪群中可能存在钩端螺旋体病和布鲁氏菌病等疾病，但养猪生产者意识不到。只有当钩端螺旋体感染母猪导致大量流产时，养猪生产者才会意识到。此时养猪生产者往往倾向于寻求药物治疗，认为每种病都有一种药物能治。虽然人的天性是寻找最快速和最简单的解决方法，但事实上这样的"方法"往往只是短期措施，治标不治本。药物只是"掩盖问题"，让问题暂时看不到，病根仍然会导致问题复发。仔猪腹泻是一个很好的例子，通常使用抗生素治疗腹泻比改变饲养管理措施更容易。然而，这只是一个短期的措施。从长远来看，分娩舍良好的卫生和管理远比单独使用抗生素更为重要和有效。

重要的是，养猪生产者要意识到，许多疾病的发生不是偶然的，而是注定会发生的。对疾病的预防和控制比治疗更重要，前者意味着认识到了疾病带来的潜在危险，知道需要采取措施预防疾病的发生。换句话说，采取防火措施要比每次发生火灾后呼叫消防队更好。本章将尝试提出一些猪群疾病的控制措施。不过，由于不是所有猪场都一样，本文所述的部分措施未必适用于所有猪场。但基本原则是相似的。此外，指导措施并不是一成不变的，由于经济、社会和地理性因素存在不可避免的限制，有些措施可能须做出调整和折中。在采取任何疾病控制措施之前，我们必须了解这些措施背后的一些概念。

16.1 群发性疾病的概念

病原体越多，疾病越严重

养猪业面临的疾病问题越来越多，这是由多种原因造成的，而管理因素居首。当猪同时感染两种或两种以上疾病时，将是一个叠加效应；即感染一种疾病的猪将对另一种疾病更加易感。这也可能是由于病毒、细菌和寄生虫的协同作用引起或加剧疾病。例如，疥螨病会导致仔猪抓伤皮肤，使它们更容易患上仔猪脂溢性皮炎，这是一个体外寄生虫和细菌协同作用的例子。细菌和寄生虫之间协同作用的另一个例子是同时发生猪痢疾和鞭虫病。虽然每种病原都能单独致病，但它们加在一起会导致更复杂的疾病，进而使诊断和治疗更加困难。猪圆环病毒2型（PCV2）本身几乎不会引起严重疾病。然而，仔猪感染PCV2后免疫系统受到影响，会更容易受到其他细菌和病毒等多种病原体的共同感染。研究表明，猪蓝耳病病毒与猪链球菌共感染会导致更为严重的疾病。猪肺炎支原体引起的猪地方流行性肺炎，会引起咳嗽和生长缓慢。然而，只感染猪肺炎支原体的猪不会表现出其他临床症状。除非同时感染其他病原，否则不影响采食。

最常见的并发症是多杀性巴氏杆菌感染，可导致更严重的化脓性支气管肺炎。萎缩性鼻炎是另一种由支气管败血性波氏杆菌和多杀性巴氏杆菌共同感染引致的疾病。正因为如此，有时我们不得不同时治疗多种疾病，而有时，治疗一种疾病的同时，另一种疾病也得到控制。例如猪痢疾并发鞭虫病，如果我们意识不到猪已感染鞭虫，单独治疗猪痢疾可能效果不会令人满意。如果疥螨病是仔猪脂溢性皮炎的诱因，那么采取有效的疥螨控制措施就可以降低仔猪脂溢性皮炎的发病率。同样，防控PCV2的免疫计划通常能降低猪格拉瑟氏病（病原为副猪嗜血杆菌）的发病率。协同混合感染不仅使疾病更加严重，而且使诊断更加困难。

我见过许多肠道沙门氏菌病暴发的病例，这些病例实际上是其他疾病继发感染造成的，有时甚至是管理不善导致的。在许多猪场，某些疾病是地方流行性疾病，如猪痢疾和沙门氏菌病，可以通过在饲料添加抗生素加以控制。因此，任何能使猪失去食欲的疾病都会导致猪缺少饲料中抗生素的保护。管理不善导致的环境性应激因素同样会对携带沙门氏菌的猪造成严重应激，导致病原排出的大幅增加。例胸膜肺炎放线杆菌（App）会导致猪发病并失去食欲，这些猪不仅表现出胸膜肺炎放线杆菌的致病症状，还继发沙门氏菌病或猪痢疾导致的腹泻症状。猪蓝耳病等疾病会加重育肥猪的细菌性肺炎，这就是为什么使用抗生素控制继发性肺炎可以减轻生长猪的蓝耳病的临床症状。猪瘟常继发沙门氏菌病。还有许多其他的例子都表明这样一个观点：传染性病原种类越多，疾病就越严重，越复杂。

猪越多，疾病控制难度越大

　　许多病原微生物需要宿主来繁殖。对于病毒这样的微生物来说尤为如此，如果没有易感动物，病毒就无法复制。因此，每头易感的猪都代表了一个潜在的病毒"工厂"。每头感染猪可以产生数以百万计的病毒颗粒并排出到环境中。一个新的疾病进入一个大的猪群，许多易感猪就会被感染；如果病毒具有高度传染性，疾病就会快速暴发。在一个小群体中，整个群体被感染可能只需要很短的时间。因此，疾病在一小群动物中的暴发可能不会持续很长时间。然而，在一大群猪中，因为存在着足够的易感猪，疫情会持续时间更长。这是因为，在一个大型养猪场，每天都有易感仔猪出生。例如，大型猪场一旦暴发猪瘟疫情，则需要很长时间才能控制。虽然可以给猪场中所有的猪接种疫苗，但有些猪是不能免疫的，比如仍在哺乳期的仔猪（可能有母源抗体干扰免疫的效果）以及即将出生的仔猪。因为猪场每天都会有仔猪出生，每周都会有断奶的仔猪，所以易感仔猪会源源不断。接种疫苗不可能确保所有的猪在被感染之前都有免疫力。每头被感染的猪造成环境中持续存在病毒，而大的猪群中也不缺易感猪。在亚洲热带地区，许多猪场实行连续分娩的生产模式。这样的系统缺乏弹性，分娩舍大部分时间都在使用；断奶仔猪可能会在仔猪舍遭受严重污染，而养猪生产者没有选择的余地。你是否经常听到这样的抱怨，仔猪断奶前状况非常好，进入断奶舍一段时间后，就开始出现各种各样的问题。

　　理想情况下，由于大部分病原在没有宿主的情况下不能长时间存活，养猪生产者应该彻底消毒并使猪栏空置一段时间。由于猪场可能没有足够的空间，只能做到彻底消毒，但做不到空栏。因此，在这样连续性生产的系统中没有弹性空间，养猪生产者被迫在被污染的舍内饲养仔猪。这就是为什么批次分娩或全进全出的系统更有利于疾病控制。亚洲养猪生产者应该认真考虑改变传统的养猪方式。建议考虑大规模扩张的养猪生产者建立多个独立的单元，而不是单个大单元。

引种越频繁，疾病暴发的可能性越大

　　病原体可以通过多种途径进入猪场。最常见的方式是随着运载工具进入，而最常见的运载工具便是猪本身。当养猪生产者购猪时，猪本身携带的会导致疾病的细菌、病毒、寄生虫会随着猪一起进入猪场。为了更好地控制疾病，如果可能的话，最好从一个猪场购猪。如果不行，最好公猪来自一个群体，母猪来自另一个群体。记住，当你从一个猪场购猪时，必须做好引入这个猪场疾病的准备。不同的猪场可能有不同的健康问题。如果从许多不同的猪场购买种猪，最终可能会集合到几乎所有的疾病问题，这是大多数传染病进入猪场的主要途径，这也就是为什么大多数暴发的疫情都发生在猪场引种之后。即使是像大肠杆菌或轮状病毒这样的常见微生物，如果引进了你的猪没有免疫力的新菌株或毒株，同样会引起发病。定期从不同国家的不同猪场购猪的种猪场，最终都会遇到棘手问题，要么是引入了新的病原体，要么是引入了当地猪群没有免疫力的常见病原的新毒株。

即使没有引入新的病原，也可能引入新的易感猪。一个很好的例子是繁殖障碍综合征（SMEDI）是由猪捷申病毒（PTV）或肠道病毒（PEV）引起的。每个猪场都有自己的 PTV 或者PEV，每个猪场中的猪对本场流行的病毒有免疫力。然而，当从另一个猪场购买新的后备母猪时，这些后备母猪可能对引入场的PTV或PEV没有免疫力。正是由于这个原因，新母猪可能会产下大量的木乃伊胎而损失掉第一窝。从其他没有流行性乙型脑炎的国家（北美或欧洲）引入后备母猪到乙型脑炎流行的亚洲地区可能会导致母猪第一胎产下木乃伊胎，与PTV、PEV 或细小病毒引起的临床症状相似。菲律宾、泰国和越南暴发的猪流行性腹泻，极大可能是从有猪流行性腹泻的国家引入的（合法或非法引入），因

为此前没有出现这种疾病。传染性胃肠炎，另外一种可以引起与猪流行性腹泻类似临床症状的冠状病毒，也是从其他国家输入的，因为亚洲热带地区不是传染性胃肠炎的流行区域。由于冠状病毒是不耐热的，而且传染性肠胃炎的流行率在冬季较高，所以亚洲热带地区的养猪生产者在夏季引种更为明智。

另外一个不要从多个不同猪场购猪的原因是，来自不同地方的不同类型的病原微生物可能会相互协作而致病，把一个小问题变成一个复杂的问题。这种现象称为协同作用，上面已经描述过了。

猪年龄越大，免疫力越强

这是一种普遍说法。免疫力随着猪群年龄的增长而增强。大量年龄较大的母猪使猪群中存在更多具有"免疫经验"的动物。这就是低胎次母猪所产仔猪腹泻更为严重的原因。此外，初产母猪比经产母猪要少产30%的初乳。大量新引进的后备母猪不仅降低了群体年龄，也会降低群体免疫力，这会导致许多疾病问题。经产母猪所产仔猪在断奶前的死亡率通常较低。然而，可能其他生产指标（如产仔数）也较低，因此，需要做出一些折中。应该有一个连续的母猪剔除和替换策略。很多时候，更换母猪的事情都会拖延，直到不得不面对大量淘汰超龄母猪的问题，大量淘换母猪会使猪群中低胎次母猪数量过多。应该定期清点猪群，确保各种年龄的母猪达到合

适的比例。由于品种、更换成本、管理体系、市场条件等原因，每个猪场最优化的胎次结构也是不同的，但是胎次关系要达到最优。表16.1是建议的最佳胎次结构。

表16.1　最佳胎次结构

	胎次比例						
	1	2	3	4	5	6	7+
母猪占比（%）	20	18	16	14	12	10	10

病原微生物对环境的抵抗力越强，就越难以控制

某些传染性病原体在猪体外能长时间存活（如轮状病毒、细小病毒、PCV2等），这些传染性病原体很难（并非不可能）根除。有些病原微生物在猪体外不能长期存活（如钩端螺旋体、支原体），因此需要一些媒介（其他猪、其他动物）或在排出后立即感染另外一头猪，理论上它们应该更容易被控制。然而，在一个大群体中，由于存在大量的易感宿主，这些病原微生物可能导致地方流行病。

16.2 生物安全

"生物安全"是一个在畜牧生产中广泛使用的术语。生物安全有两个层面，国际层面和猪场层面。在国际层面，生物安全关注的焦点是防止疾病在国家间传播，这是大规模生猪产品出口国家主要关注的问题；猪场层面的生物安全包括采取疾病控制措施预防新发传染性疾病的传入和避免其扩散。

我们常常忽视了生物安全的重要性，这主要是因为没能理解群体疾病和疾病控制原则的理念。这种缺乏理解的情况导致了要么缺乏预防措施，要么制订了过度的、难以实施的预防措施，最终导致无效。

要想使生物安全变得有效，养猪生产者必须非常清楚其目标。目标是防止新的传染病进入猪场，同时避免疾病在猪场内传播。健康状况非常好的猪场也需要有非常严格的生物安全制度，以防止疾病的传入。一个已经感染了多种传染病的猪场也需要生物安全措施，以防止引入新的疾病。生物安全措施的安全性，取决于它的最弱点。违反重要原则可能会导致它完全无效。

把猪场建在自然地理隔离的区域（隔离区）

很多情况下，猪场的位置是控制疾病的关键因素。理想情况下，养猪场应建在自然地理隔离的区域，并且远离其他猪场。然而，这并不是总能做到的。其他因素，特别是土地供应和环境污染，加上一些国家的宗教敏感性，使得养猪场可能难以互相远离。从污染控制的角度来看，猪场附近建设有集中废物处理设施比较好，但不利于疾病控制。

在养猪高密度地区，高传染性疾病很容易传播。在这样的地区，很难防止一些疾病进入农场。农场不应位于户外允许其他牲畜觅食的地方（图16.1）。允许牲畜特别是反刍动物和猪在附近觅食的猪场，很容易发生口蹄疫（FMD）等疾病（图16.2）。FMD、SEP和PRRS等疾病可通过空气传播。试验证明，昆虫、啮齿动物和其他家畜能够充当生物或机械性媒介，如支气管败血性波氏杆菌、轮状病毒、猪痢疾短螺旋体、钩端螺旋体及沙门氏菌等均已从啮齿类动物中分离出来。

因此，若猪场相距不远，很多传染病便可轻易传播。这些猪场必须接受共同感染相同传染病的事实。从流行病学角度来说，相邻较近的两个猪场可以视为一个猪场，即使由两个或两个以上的业主拥有（图16.3）。

图16.3　从流行病学角度讲，两个仅被栅栏隔开的养猪场就是一个猪场。

在猪场周围筑起围栏

在亚洲的许多地方，养猪场距离较近，彼此之间没有任何物理障碍，使疾病控制极为困难，因为几乎不可能防止疾病在猪场之间的迅速传播。这些疾病可通过人和动物（包括犬和鼠）等媒介在猪场之间传播。毫不奇怪，在这样的地区，疾病经常性暴发。因此，所有养猪场均必须用围栏隔开。一个简单、坚固的铁丝网围栏就可以将人和一些动物拒之门外（比如犬），但不能阻止鼠进入。

保持小规模猪群

猪群的规模对疾病控制具有重要意义。根据上面描述的概念，猪群越大，暴发疾病的后果就越严重，疾病的暴发

图16.1　村庄里的猪在商业猪场外马路上采食的生物风险。

图16.2　这个农场位于农村地区，公众可在农场旁边的路上通行。注意看路上还有牛粪。

往往持续时间更长，而且更难控制。原因很简单，因为有更多的易感动物。疾病很容易在一个猪舍内的大量猪之间迅速传播。在一个小猪场内是一个小问题，但在一个大猪场内问题可能会被放大。

因此，建造几个小单元比建造一个大单元要好。从疾病控制的角度来看，虽然小猪场更好，但规模太小且缺乏经济效益，可能要做出一些折中。问题是群体多大才算大？为了有效控制疾病，群体规模不应超过500头母猪。两个500头母猪单元总比一个1 000头母猪规模的单元好。

从外部猪场购猪场次越少越好

如果可能的话，尽量避免从别的猪场购猪。封闭的畜群（即自繁自养的猪场）通常问题最少。如上所述，把病带进猪场的罪魁祸首是猪本身。从越多的猪场购猪，就越有可能将疾病带入猪场。了解前面说的协同混合感染以及多重感染的概念非常重要。引进一头新猪是将一种新病引入猪场的最重要途径。

如果必须购买替换猪，从外部猪场购猪场次越少越好，从尽可能少的猪场购猪非常重要并且应从有健全的疾病控制措施和猪群健康的猪场购买。没有哪个猪场是无菌的（即使有，也不要购买无菌动物，因为这些动物没有足够强的免疫力，不适合在你的猪场生存）。没有一个猪场是完全没有任何疾病的，必须知道你想让你的猪摆脱哪些疾病，在此之前，还需要知道你的猪群中现有哪些

疾病在流行。举个例子，你可能希望你猪场的猪不会受到猪瘟、口蹄疫、蓝耳病、传染性胃肠炎、流行性腹泻、猪伪狂犬病、传染性胸膜肺炎、猪痢疾、布鲁氏菌病、钩端螺旋体病、疥螨病、肠道寄生虫等的影响。该清单只是一个举例。实际上，检测所有这些疾病并不容易。如果你的猪群没有猪伪狂犬病，那么在你的猪场进猪之前，就必须检测这些猪是否有猪伪狂犬病。此外，在亚洲的部分流行地区，要确保猪场定期进行相关疫苗的接种。

很明显，我没有把许多重要疾病列入清单。例如，我没有列出猪地方流行性肺炎，这并不是因为我认为猪地方流行性肺炎不重要，而是因为很少有猪场没有猪地方流行性肺炎。此外，除非你的猪场没有猪地方流行性肺炎，否则要求你买的猪没有猪地方流行性肺炎是没有意义的。当然，在列出你不想要的疾病之后，下一个肯定会问的问题是：我怎样才能确保我要买的猪的确没有这些疾病呢？事实是：你不能，没有百分之百的把握。你可以进行一些实验室检测，但这些检测并不百分之百准确，而且通常需要很长时间才能得到结果。这些都是养猪生产者最熟悉的问题，切实可行的是考虑以下因素：①检查源头，确保猪场有健全的疾病控制措施；②与其他养猪生产者交流，看看这个猪场在向其他顾客供货方面是否有良好的声誉；③让供猪者确保卖给你的猪不会得某些疾病。

不要购买断奶仔猪

在大多数其他国家，养猪生产者会购买后备母猪用于种猪替换。出于现金流的原因，有些人甚至会购买怀孕母猪。在东南亚的部分地区，养猪生产者喜欢购买断奶仔猪。虽然体重35 ~ 40kg的猪更经济，也便于运输，但也处于一个特别易感的年龄，此时更有携带多种传染性病原微生物的可能。在这个年龄段，猪早已失去母源抗体的保护，更有可能会引发各种疾病。

因此，明智的做法是避免购买年龄较小的猪，除非你对所购猪场的健康状况非常明确。

永不购买特价猪

买猪最糟糕（潜在危害最大）的就是买"跳楼甩卖"的猪。一个经历过急性猪瘟或者高致病性蓝耳病的养猪生产者可能会通过卖掉那些看起来仍然健康的猪来减少损失。这是因为他知道，这些猪出现临床症状只是时间问题。"清仓大甩卖"往往很紧急，猪马上就要出栏，价格又便宜。那些被这种特价诱惑的养猪生产者最终可能会使他们的猪场暴发疾病。的确有部分养猪生产者从这种销售中迅速获利，但这鲁莽的行为只是一种侥幸。也有许多没有这么侥幸的"恐怖"案例。

上面这段话摘自我1997年出版的《马来西亚猪病指南》一书。一年后的

1998年末，令人恐怖的故事是尼帕病毒病，它夺去了100多人的生命，导致马来西亚近一半的猪群遭到破坏（见第14章）。尼帕病毒病的暴发就是由于违反以上原则。在马来西亚北部一个地方暴发疫情期间，人们以"低价转售"的方式销售猪，然后购买者将猪引入该国南部一个高密度养猪场。感染病毒的猪又被出口到新加坡，导致屠宰场处理猪的人员死亡。在撰写本书时，新加坡当局仍不允许从马来西亚进口猪。

尽量减少访客

尽量减少访客，并确认他们是否有必要进入猪场。猪场办公室最好设在栅栏附近。许多交易可以在访客不进入猪场的情况下进行。

访客在未采取任何措施保证其不携带病原微生物时，不允许进入猪场。访客必须洗澡，并且穿上猪场服装和靴子才可以进入猪场。最起码，应该坚持让来访者穿猪场的橡胶靴。记住像药厂和饲料厂销售代表这样的访客，经常从一个猪场到另一个猪场，应该尽量不要让他们进入猪场。脑海里最应该想到的是，让他们进入猪场区域是否有必要？在有严格生物安全措施的猪场甚至要求访客在访问猪场前在远离任何猪场的地方住上一两个晚上。

必须要有消毒池。氯、碘和碱性化合物非常有助于杀灭细菌和病毒。任何人、任何操作或动作如果有可能给猪群

带来新病原，都必须经过基本的消毒程序。如果养猪生产者不能做到上述提到的所有措施，为了安全起见，可以适当做出一些调整。例如，可以在来访者面前放一桶消毒液，并坚持让访客把鞋子或橡胶靴浸入消毒液进行临时消毒。

让猪贩待在猪场外

这条原则并不像听起来那么傻。大多数猪场允许猪贩进入猪场捉猪称猪。然而，他可能刚去过另一个猪场（图16.4）。

图16.4　进入猪场的猪贩和他们的车辆都是生物安全威胁。

有些猪场有些令人印象深刻的生物安全措施，包括运猪车辆轮胎消毒池。然而，整个过程意义不大，因为猪贩（或其他访客）的鞋子通常没有消毒。猪场感染疾病的风险更可能的是在运猪车辆"内部"，而不是其外部。最好在围栏附近有装猪的地方，在靠近围栏的地方建一个装载坡道。这个非常有用，因为这样司机和货车就无须进入生产区（图16.5）。如果由于地形原因做不到，至少要保证围栏附近有临时猪栏，马上上市的猪应关在这些临时猪栏里。然而，一

图16.5　围栏处的装载坡道让运输车辆能够装猪，不用进入生产区。

些猪场的设计是将育肥猪舍放在了猪场内部，货车必须进入猪生产区。记住，这些辆货车可能去过其他养猪场。在猪场的生产区域，不能有猪贩清洗鞋子或车辆的地方。在有些国家，允许猪贩在育肥猪舍内挑选猪是一种令人痛心的普遍现象。如果由于经济原因而无法避免这种情况，应该坚持让猪贩遵守与其他访客相同的原则，即在淋浴后换上猪场的衣服和靴子。

事实上，大部分商业饲料不大可能携带病原微生物，但沙门氏菌除外。有时饲料中添加的鱼粉也会被丹毒丝菌属污染。因此，明智的做法是将饲料仓库放在围栏边，这样饲料卡车就可以在不进入围栏的情况下运送饲料原料。同样，其他材料也可以通过围栏门运送。

培训猪场工人

工人应该了解你所采取的措施的重要性。他们不能携带任何含有肉类的食物进入办公室以外的猪场区域。食物只

能在猪场的餐厅或其他远离猪的地方食用。他们不能接近猪场外的其他猪。办公室里应该有一个更衣室，工作人员可以在那里洗澡并换上防护服。简而言之，你和你的猪场工人应该遵守与访客一样的规章制度。

隔离检疫所有新进猪

如上述所讲，我们不能百分百保证新进的猪不携带病原微生物。因此，及时隔离检测疾病是防止疾病传播非常有用和重要的方法。当发生急性发病时，刚感染的猪可能不表现临床症状。然而，如果这些猪被隔离观察几周，它们就会出现临床症状。

将新进的猪与其他猪分开饲养一段时间是非常好的做法。虽然我们知道最好的做法是把这些动物关在生产区外的建筑里，但一般做不到。我知道大多数猪场都没有隔离舍。作为替代办法，新进的猪可以放在即将上市猪旁边的临时栏内饲养，隔离期为3～6周。在隔离期间，要经常观察引进猪的临床表现，对猪进行内外寄生虫驱虫（最好在所购猪场做完），并检测血液中是否有你所关注的疾病病原的抗体。把断奶舍和配种舍的猪粪便撒在隔离舍内；如果可能的话，把一些淘汰的猪也放进隔离舍内，观察两组猪（新来的放在隔离舍内的猪和淘汰的放进隔离舍内的猪）是否有发病的迹象。新来的猪可能携带一些它们已经免疫过的病原体，但不表现任何疾病症状。然而，如果你把一些你淘汰的猪放在同一个猪舍内，新来的猪可能会把其自身携带的病原体传染给你的猪。因此，当猪出现临床症状时，你可以确诊这些病原体引起的疾病。反过来，也可能是你的猪携带有某些传染性病原体，如果新来的猪对这些病原体没有免疫力，它们可能会被感染，表现出临床症状，而你的猪看起来很正常。

要知道，隔离检疫对于携带急性病的猪有用，但并不是防止疾病入侵的完美方法。在许多慢性疾病病例中，已康复的、没有任何症状的猪仍然是病原携带者，这些猪继续向外排毒。我们必须意识到猪场隔离的不足，其对于高度传染性疾病（如流行性腹泻或口蹄疫）是无效的，当你在新进猪身上观察到这些疾病的症状时，通常已经太晚了。

不要忘记公猪

不要忘了公猪也可以传播疾病，尽管人们常常忘记公猪。公猪可携带如布鲁氏菌等病原。公猪在自然交配繁殖时会直接接触整个母猪群。要保护一个猪群不发病，对新进公猪进行隔离，以及临床和实验室监测是必不可少的。人工授精可能是防止公猪与母猪群接触的最好方法；但也要记住，如果精液来自感染的公猪，人工授精传播疾病的速度远远快于自然交配。精液可能带有猪伪狂犬病病毒、细小病毒、猪瘟病毒、猪蓝耳病毒、圆环病毒2型和猪布鲁氏菌等。

定期接种疫苗

定期接种疫苗是最基本的生物安全措施。以猪瘟为例，如果半年没有给猪接种猪瘟疫苗，几乎90%的猪都会成为易感猪，因为新出生的猪比母猪多10倍。制订疫苗接种程序是为了预防或控制疾病。在大多数情况下，疫苗接种可以防止大部分动物受到感染，从而将损失减少到"可接受的水平"。即使在特定病原的净化猪场（如猪瘟或猪伪狂犬病净化猪场），疫苗接种在生物安全措施出现漏洞时也是必不可少的。在这种情况下，接种疫苗应被视为预防疾病暴发的保险措施。许多养猪生产者所持的态度是，如果猪场没有某种疾病问题，那就没有必要接种疫苗。很明显，这种观点是错误的。

猪场布局设计合理

距离是防止疾病传播的天然屏障。正如猪场之间应尽量保持一定距离一样，不同年龄组别之间亦应保持适当距离。年长的猪比年轻的猪有更强的抵抗力和免疫力。因此，不同年龄段的猪群必须单独饲养。猪场内唯一违反这条规定的地方，就是母猪和仔猪混在一起的产房。在这个区域，由传染病引起的死亡率也很高。很多猪场未考虑不同年龄段猪对疾病易感性的不同，把不同年龄的猪放同一个猪舍内，分娩猪栏、母猪定位栏和公猪栏在一个空间内。

很多猪场设计不合理。过度拥挤和通风不良是导致疾病和生产不佳的两个重要因素。热应激是热带地区养猪场的常见问题。养猪生产者必须要认识到，管理不当给猪带来的应激也会导致发病。在许多情况下，如果能够纠正这些管理缺陷，疾病和生产不佳的问题可以在很大程度上得到缓解。

猪舍的布局应是：公猪舍或配种舍离入口大门最远，其次是妊娠舍、分娩舍、断奶舍、生长-育肥猪舍和靠近出猪台或围栏的临时猪舍，办公室应该靠近出猪台。

遵守适当的管理和饲养方式

在大多数疾病问题中，管理起着非常重要的作用。不良的管理和饲养方式使猪容易患病。营养不良、过度拥挤、怀孕、寄生虫、免疫、高温、寒冷、断奶和太脏的栏舍都是应激因素。应激会影响猪的免疫系统，降低猪对疾病的抵抗力。比如，冷应激是引起仔猪腹泻的重要诱因之一。在许多热带国家的猪场，哺乳区域没有保温灯，因此仔猪会受到冷应激的影响，尤其是在寒冷的夜晚或雨季出生的仔猪。这使得它们更容易发生腹泻。也有管理失败造成的非传染性疾病的发生，如母猪消瘦综合征是由哺乳期营养不足引起的。除了糟糕的饲养方式，不当的圈舍设计也会给猪增加应激。在许多猪场，分娩舍的设计很糟糕，舍内往往不是太热就是太冷。母猪和仔猪对温度的需求是相反的。产房白天对母猪来说过热，晚上对新出生的仔猪来说又过冷。

如果不是管理不当和其他饲养因素的影响，许多传染病不会那么严重。猪出现腹泻、体弱、生长不均和断奶后生长欠佳等问题，更可能是因为猪群过度拥挤、采食位置不佳或供水不足、饲料选择不当，以及温度和通风控制欠佳等因素所致，而不是由传染病引起。在许多情况下，解决的办法并不仅是使用抗生素或其他药物。从长远来看，在控制疾病方面，合理的猪舍布局和管理措施比仅使用药物更为重要。

流于表面形式的生物安全

这是一个新的术语，代表了我们一些养猪生产者的做法。猪场通过出猪台和消毒池将车辆和访客与猪场隔离，有的甚至为访客安装淋浴设备。然而，这些养猪生产者可能从不同的猪场购猪，甚至没有仔细检查购入猪的健康状况。在我看来，将新猪引入猪场是将新传染病引入猪场的最重要的方式。如果违反了这个原则，那么所有其他的措施都只是"表面文章"。2000年年初到年中，在东南亚国家，大多数暴发流行性腹泻疫情的猪场表明无论采取什么样的生物安全措施，在很大程度上都是无效的。生物安全措施的强度取决于最薄弱的环节，这个环节可能是新引入的猪。马来西亚尼帕病毒的暴发，也暴露了生物安全中的这个薄弱环节，虽然这些猪场都有严格的生物安全措施，但每个感染尼帕病毒的猪场都是由于购入带毒猪所致。

经常从不同猪场购猪的养猪生产者不要自欺欺人了，生物安全措施仅仅是一种摆设。

17 霉菌毒素引起的猪病

17.1 引言

霉菌毒素是由真菌产生的。这些真菌会在谷物中繁殖，如玉米、小麦、高粱等。真菌会在谷物收割时或收割前、贮存期间生长，最糟的情况甚至在畜禽料槽中生长。真菌代谢产物被家畜食用时会产生剧毒。最有名的霉菌毒素包括黄曲霉毒素、赭曲霉毒素、伏马菌素、单端孢霉烯族毒素、玉米赤霉烯酮及麦角碱。由于玉米、高粱和小麦是猪饲料中常用的谷物，因此猪很容易出现霉菌毒素中毒。霉菌毒素含量过高可能会影响饲料的风味、外观和口感，从而导致饲料对猪的适口性变差。临床上，霉菌毒素急性中毒并不常见。由于亚致死剂量的采食需要一段时间，猪更容易出现慢性中毒。这将导致与健康、繁殖性能和生长性能相关的问题。据估计，美国每年因霉菌毒素而造成的经济损失超过了14亿美元。

本章的目的是介绍猪发生猪霉菌中毒时可能出现的一些临床表现和病理病变。

17.2 霉菌毒素对中毒动物造成的病变

饲料的霉菌毒素污染现象在许多国家的猪场中都很常见。猪的霉菌毒素中毒大部分数据来自动物试验，据此得知霉菌毒素致病的剂量、持续时间及进入方式。

在临床上，猪长期采食含霉菌毒素的饲料，健康状态会出现问题，在出现中毒症状的猪场，我们还能看到其他疾病问题。猪场引种后，有亚临床症状的猪可能会出现疾病问题。如果猪采食的饲料污染了黄曲霉毒素，可能会影响其免疫系统，病原体会感染猪并导致更严重的临床症状。临床上感染性疾病也常常会加重霉菌毒素造成的损害。根据动物试验，这是合乎逻辑的，因为黄曲霉毒素等霉菌毒素具有免疫抑制作用，已出现亚临床症状的猪群或新引入的临床表现不明显的猪，毒素作用会促使发病。

17.3 黄曲霉毒素中毒

黄曲霉毒素会对猪的生产性能造成严重影响。最常见的临床症状是生长速度缓慢、皮肤发黄（黄疸）。剖检发现最明显的病变为皮肤、皮下组织、肌肉和肝脏等组织变为淡黄色（黄疸）（图17.1），偶尔可见肝脏纤维化（图17.2）、胃溃疡（图17.3）及脾脏变小（图17.4）。组织病理学检查可以发现胆管增生（图17.5），肝细胞出现严重变性和坏死。黄曲霉毒素中毒引起的肝损害会导致黄疸，表现为动物组织中出现大量的黄色素。维生素E缺乏症经常是黄曲霉毒素中毒的并发症。肝脏是体内维生素E储存和代谢的主要器官。黄曲霉毒素损害肝脏时，肝功能受到影响，并出现维生素E缺乏症和肝硬化。缺乏维生素E的猪会出现桑葚心病、黄脂病、繁殖障碍和免疫抑制。

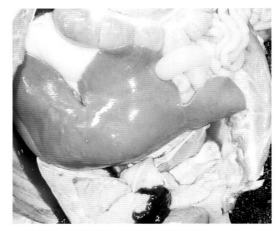

图17.1　肝性黄疸引起的肝脏变黄。

图17.2　肝脏出现纤维化、慢性肝硬化，肝小叶周围存在成纤维细胞和纤维细胞。

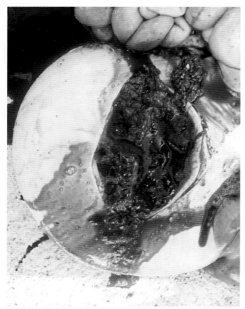

图17.3　胃溃疡。猪会出现间歇性出血或严重急性出血，可以引起低血容量性休克和猝死。

图17.4　脾脏缩小与免疫抑制有关。

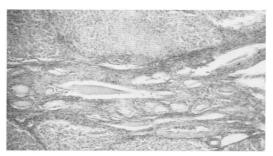

图17.5　胆管增生，这是与黄曲霉毒素中毒有关的微观病变。

体重为200kg左右的妊娠母猪耗料量低，因而摄入剂量更低，很少出现与霉菌毒素中毒相关的症状。然而，哺乳母猪的耗料量高，如果摄入黄曲霉毒素，将可能通过母乳传递给仔猪。母猪同期可能不会表现出任何与黄曲霉毒素中毒有关的临床症状。然而，体重在2kg以下的仔猪可能会受到母乳中黄曲霉毒素的影响。仔猪在出生当日摄入含黄曲霉毒素的母猪乳汁后，可能会出现严重的肝损伤。

17.4 赭曲霉毒素中毒

赭曲霉毒素和桔霉素都是肾毒性霉菌毒素。试验研究已经确定，赭曲霉毒素A（ochratoxin A，OTA）比桔霉素对肾功能的损害更大。与黄曲霉毒素一样，这些毒素对易感猪具有致癌、致畸和免疫毒性作用。有证据表明，这些霉菌毒素高度稳定，并可能对器官造成累积损害。

在猪场现场观察到的肾脏病变可能由赭曲霉毒素A或桔霉素引起，这些霉菌毒素的病理影响相似。赭曲霉毒素中毒猪的临床表现是烦渴和多尿症。但是，高床饲养且自由饮水的猪不容易观察到这些症状。在一些猪场，感染猪会在猪栏内喝尿（图17.6），并舔墙上的石灰（图17.7）。剖检疑似赭曲霉毒素A中毒的猪可发现肾脏表面有大小不等的白斑，从弥漫小点到容易分辨的不规则形状斑

点（图17.8）。另一个明显症状是，同一肾脏中会有单独或以多种形式出现的囊肿（图17.9）。组织病理学检查，在近端

图17.6　喝尿行为。肾脏受损的猪会出现矿物质流失，而尿液中富含矿物质（如石灰），可以缓解矿物质缺乏。

图17.7　猪舔墙上的石灰。肾脏损害会导致矿物质流失，猪会寻找矿物质或石灰来避免矿物质缺乏。

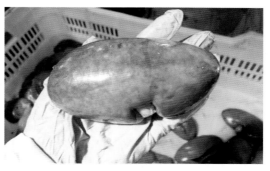

图17.8　肾脏白斑。显微镜下的这些斑点表明肾圆细胞和浆细胞的弥漫性浸润。

图17.9　肾囊肿。这些囊肿与先天性囊肿不同，这种现象见于年长猪。

和远端小管中可以看到严重的退行性改变，同时肾圆细胞和某些浆细胞出现轻度弥漫性浸润。胃溃疡与此类霉菌毒素有关。

17.5 伏马菌素中毒

伏马菌素主要影响猪的肺脏和肝脏，偶尔也会影响肾脏和食道。首份关于伏马菌素对猪影响的报告表明，使用不适宜人类或家禽食用的玉米饲喂猪会引起猪的呼吸衰竭。采食被伏马菌素污染谷物而中毒的猪普遍出现了肺水肿。

伏马菌素诱发肺水肿是左心室衰竭的结果。伏马菌素不能改变肺的相对通透性。

在墨西哥的一个田间病例中，肺水肿（图17.10）和黄疸是伏马菌素中毒的最明显病变。显微镜下可以看到整个肺组织出现水肿，胸膜下方以及小叶间隔可以观察到大量嗜酸性粒细胞，肝脏可见肝细胞坏死与嗜酸性粒细胞。

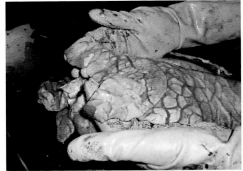

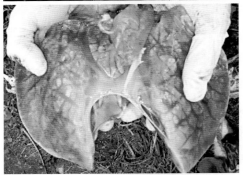

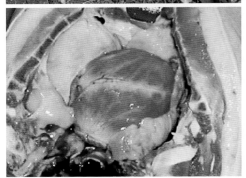

图17.10　肺小叶间和纵隔出现水肿，无肺部病变。右心扩张。

也有研究证实，伏马菌素中毒可导致肺脏血管内巨噬细胞数量大量减少。这些细胞负责消除可能对动物有害的病原体。猪采食伏马菌素浓度为20mg/kg的饲料7d后，其肺部清除功能显著减弱。这些发现为临床多次出现的现象提供了合理解释，即猪发生伏马菌素中毒时，其他疾病会加剧。

17.6 单端孢霉烯族毒素中毒

这组霉菌毒素包括几种结构相似的霉菌毒素。脱氧雪腐镰刀菌烯醇（DON，呕吐毒素）、雪腐镰刀菌烯醇和15-乙酰基脱氧雪腐镰刀菌烯醇是养猪业报道最多的霉菌毒素。呕吐毒素和玉米赤霉烯酮均可引起神经系统损害，导致猪食欲下降。呕吐毒素在消化道中具有促炎作用，增加了胃肠道感染的敏感性。通常，这些毒素对消化道上皮造成的损伤非常大。饲料中存在这些毒素的最常见症状是猪呕吐或拒食。但是，并非所有病例都会发生这种情况。

17.7 玉米赤霉烯酮中毒

虽然玉米赤霉烯酮属于单端孢霉烯族，但其作用相对不同。许多人认为在养猪中应该将玉米赤霉烯酮中毒单独列出。

玉米赤霉烯酮对母猪具有雌激素作用，并导致其生产力下降。母猪妊娠早期（7～10d）发生玉米赤霉烯酮中毒，可能会导致胚泡变性、产仔数下降、流产、受胎率低、死胎增加、黄体失活、子宫积水（图17.11）、卵巢囊肿（图17.12）、阴道出现分泌物、直肠脱垂（图17.13）和阴道脱垂。玉米赤霉烯酮还会引起分娩母猪的外阴红肿（图17.14）。玉米赤霉烯酮会影响公猪精液质量，受影响的

公猪可能会出现乳头增大，性器官更加明显。

图17.11　黄体，子宫积水。左侧是屠宰场母猪的病变子宫。右侧是正常的母猪子宫。

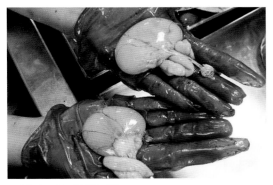

图17.12　卵巢囊肿。

图17.13　直肠脱垂。应排除其他可能的诱因，如消化系统疾病（腹泻、便秘）、呼吸系统疾病（咳嗽）。

图17.14　外阴红肿。分娩后该症状仍然存在。症状在分娩后2～3d消失，主要病因是饲料中的各种植物雌激素成分。

在墨西哥发现，发生霉菌毒素中毒的猪群胃溃疡的患病率突然升高或多因素疾病的发生率上升。这些猪群的霉菌毒素中毒得到控制后，胃溃疡的患病率随之下降。田间病例对传染病的高度易感性也可能与这些霉菌毒素有关。在试验研究中，猪采食低含量镰刀菌毒素的饲料会影响其免疫反应。

17.8 麦角碱中毒

这种霉菌毒素（麦角碱）通常出现在感染了麦角菌（*Cornezuelo*）的高粱中。*Cornezuelo* 是麦角菌属的通用名。这种霉菌毒素是子宫和动脉中层平滑肌收缩的潜在诱因。麦角碱还可以模拟多巴胺在中枢神经系统中的作用并抑制催乳素的产生，从而防止乳腺的生长并抑制泌乳。高浓度的麦角碱可引起动脉收缩，导致肢体局部缺血和干性坏疽。这种情况在寒冷气候条件下可能会恶化。这种霉菌毒素也可能引起肝损伤、烦渴及多尿症。

在墨西哥的一个田间病例，没有明显的临床感染迹象，且抗生素对母猪和仔猪治疗无效，仔猪呈现高死亡率。对于所有受影响的仔猪，唯一一致的临床症状是母猪缺乳或无乳症。剖检发现，仔猪胃空，肝脏变脆，心脏出现黏液样变性。母猪出现乳腺发育不良，其他明显的病变包括肝脏出现不规则、大小不一的白色斑块及肝硬化。镜下观察到门脉性肝硬化，肝细胞出现严重的退行性变化，主要是蛋白变性和脂肪变性。如果不了解霉菌毒素中毒的相关知识，很容易诊断为猪繁殖与呼吸综合征。通过将临床病史与不同脏器中出现的病变相结合，可以确定下一步应采取的措施以减轻中毒为主。在墨西哥的一项研究中，同一公司的两个商品猪场出现了繁殖障碍。总存栏为2 000头母猪，分别为800头和1 200头母猪。不同妊娠阶段的后备母猪和经产母猪出现了流产（图17.15）。使用不同类型的抗生素缓解临床症状及流产，但没有效果且流产持续发生。上述流产不包括木乃伊胎以及胎儿和胚胎吸收、溶解或器官不全。母猪阴道分泌物极少，母猪群出现各种临床症状，包括腹式呼吸、泪溢、皮肤红斑、腹部发绀，腹部及前后腿出现血管迂曲。另外，怀孕母猪和哺乳母猪采食量下降，其中一些猪完全厌食和拒食。一些流产母猪的腹部出现湿性坏疽。70%的母猪患有泌乳障碍或无乳。产房的仔猪弱小且几乎每窝都有50%出现尾部坏死（图17.16）。坏死的位置各不相同，可能出现在尾巴的端部或尖部。根据严重程度不同，尾巴会变为深棕色至黑色。坏死的尾巴最终会脱落。猪场以前从未遇到过这种情况。采集血样进行血清学分析，猪繁殖与呼吸综合征病毒、细小病毒和流感病毒均为阴性。

麦角碱的重要性在于，它们是子宫和动脉肌肉层中平滑肌收缩的重要诱因。麦角碱还能模拟多巴胺在神经中枢系统中的作用。它们抑制催乳素的释放，阻止乳腺的发育并破坏乳汁的分泌。流产的原因可以解释为动脉血管收缩导致缺血、提供给胚胎或胎儿的营养不足（图17.17）。

总之，霉菌毒素是真菌的代谢产物，可能会污染谷物。种植户和养殖户可能并不能明显看到这种污染。是否能快速识别因霉菌毒素中毒引起的临床症状和病变，对养猪场出现中毒后的盈利状况有重大影响。尽早发现饲料中的霉菌毒素污染有助于快速诊断，并可在对猪群造成不可逆转的损害之前更有效地控制问题。

图17.15　流产的胚胎，羊水中主要为血液。

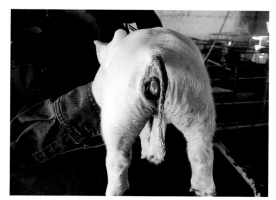

图17.16　仔猪尾部坏死。这在新生仔猪被称为"鼠尾巴"（rat tail）。

图17.17　流产猪的病变，主要是器官充血和出血。

图书在版编目（CIP）数据

亚洲猪病：临床兽医指导手册/（马来）朱兴利著；邵国青，曲向阳，华利忠主译.—北京：中国农业出版社，2022.10
（世界养猪业经典专著大系）
书名原文：Swine Diseases in Asia
ISBN 978-7-109-29915-3

Ⅰ.①亚…　Ⅱ.①朱…②邵…③曲…④华…Ⅲ.①猪病－诊疗－手册　Ⅳ.①S858.28－62

中国版本图书馆CIP数据核字（2022）第158043号

合同登记号：图字01-2020-0890号

YAZHOU ZHUBING : LINCHUANG SHOUYI ZHIDAO SHOUCE

中国农业出版社出版
地址：北京市朝阳区麦子店街18号楼
邮编：100125
责任编辑：刘　伟
版式设计：杜　然　责任校对：吴丽婷
印刷：北京通州皇家印刷厂
版次：2022年10月第1版
印次：2022年10月北京第1次印刷
发行：新华书店北京发行所
开本：787mm×1092mm　1/16
印张：13.75
字数：300千字
定价：288.00元